全能型供电所员工技能培训教材

汪泽州　主编
鲍建飞　陆岳平　副主编

中国电力出版社
CHINA ELECTRIC POWER PRESS

内 容 提 要

本书是一本全面介绍全能型供电所员工基本技能的培训教材，共 6 章，主要介绍常用配网设备、倒闸操作、业扩报装、配网故障与隐患处理、电费电价相关知识、带电作业相关知识。

本书可供全能型供电所员工技能培训之用，对于全能型供电所一岗多能人员的技能提升大有裨益。

图书在版编目（CIP）数据

全能型供电所员工技能培训教材 / 汪泽州主编．—北京：中国电力出版社，2021.11（2022.11重印）
ISBN 978-7-5198-6016-5

Ⅰ．①全…　Ⅱ．①汪…　Ⅲ．①供电–技术培训–教材　Ⅳ．①TM72

中国版本图书馆 CIP 数据核字（2021）第 188198 号

出版发行：中国电力出版社
地　　址：北京市东城区北京站西街 19 号（邮政编码 100005）
网　　址：http://www.cepp.sgcc.com.cn
责任编辑：穆智勇
责任校对：黄　蓓　郝军燕
装帧设计：张俊霞
责任印制：石　雷

印　　刷：三河市百盛印装有限公司
版　　次：2021 年 11 月第一版
印　　次：2022 年 11 月北京第二次印刷
开　　本：787 毫米×1092 毫米　16 开本
印　　张：11.75
字　　数：254 千字
定　　价：48.00 元

编委会

主　任　毛琳明　张　睿

副主任　张中良　陈　刚　童　磊　朱萧轶　姚宝明

委　员　鲍建飞　张泰山　陆岳平　陈　芳　顾卫华

　　　　储建新　杨春环　谢益峰　冯朝力　倪绍辉

　　　　任春达　陈宁宁　陆燕峰　葛勇华　陈　伦

　　　　赵国爱　顾跃华　陈　晓

编写组

主　　编　汪泽州

副主编　鲍建飞　陆岳平

参编人员　蔡群峰　方李明　董　海　操晨润　孙豪豪

　　　　　徐　驰　潘克勤　张　洁　刘海林　高　原

　　　　　黄建伟　李　豹　陆建琴　张依辰　吴亚洲

　　　　　胡燕伟　陆　萍　周弘毅　俞晓伟　邓　亮

　　　　　胡松松　郑　涛

前　言

为更好地满足人民美好生活的用电需求、更好地服务地方经济社会发展，国网浙江省电力有限公司海盐供电公司践行"人民电业为人民"的企业宗旨，进一步缩短供电服务半径、提升供电服务品质，形成"小前端、大后台"的供电服务指挥模式。同时，结合国家电网公司全能型供电所建设要求，在低压营配高度融合的基础上，将 10（20）kV 营配业务全要素配置到供电所，通过优化机构设置、完善技能培训、理清业务界面、明确考核机制，逐步打造权责匹配、营配兼具、服务综合的全能型供电所，实现了"一张工单、一支队伍、一次解决"，全面提升供电所工作效率及服务能力。

为了加强全能型供电所人才队伍培养，一方面给供电所"一岗多能"专业新员工搭建知识结构平台，有计划、有针对性地学习多岗位知识，做到循序渐进，融会贯通；另一方面，也为"一岗多能"培训工作室或者主管部门提供一个规范、标准的"一岗多能"考核依据，为"一岗多能"人才培养提供管理措施，为全能型供电所高低压融合全面夯实基础，编制了《全能型供电所员工技能培训教材》。

本书立足电力设备实际工作场景，结合全能型供电所平时的实际工作，引用大量实例进行详细分析讲解，对于全能型供电所"一岗多能"人员的技能提升及全能型供电所"一岗多能"岗位培训给出了一些较详细的规范、标准。全书共六章，分别介绍常用配网设备、倒闸操作、业扩报装、故障与隐患处理、电费电价和带电作业相关知识。

由于作者水平所限，加之时间仓促，本书难免存在疏漏之处，恳请各位专家和读者提出宝贵意见，使之不断完善。

编　者
2021 年 10 月

目　录

第一章

常用配网设备

第一节 配网线路开关

配网常用的线路开关有断路器（又称开关）、隔离开关（又称刀闸）、负荷开关、熔断器等多种设备。配网线路开关在高压电路传输和分配电能过程中起着控制或保护等作用。

一、开关电器中的灭弧原理

（一）开关电器中电弧的产生与熄灭

开关电器切断电路时，断开的触头之间将会产生电弧。电弧电流的本质是离子导电，即触头之间的正离子（带正电）在触头间电场力的作用下向负极运动、负离子（带负电）和自由电子在触头间电场力的作用下向正极运动而形成的电流。显然，触头断开后，触头之间如果有电弧存在，则电路实际上没有被切断，直到触头间电弧熄灭后电路才真正被断开。

在交流电路中，当电流瞬时值为零时，断开的触头之间无电流通过，触头间的电弧将消失（称为电弧暂时熄灭）；在下半个周期内触头间能否再次产生电弧，则由触头间介质击穿电压与触头间恢复电压互相比较来决定，如果再次产生电弧称为电弧重燃，若不再产生电弧则称为电弧熄灭。触头间介质击穿电压是指使触头间产生电弧的最小电压。触头间恢复电压是指触头间电弧暂时熄灭后外电路施加在触头之间的电压。显然，电弧暂时熄灭后，如果触头间的恢复电压大于触头间的介质击穿电压，电弧将重燃；反之，触头间的恢复电压始终小于触头间的介质击穿电压，电弧将彻底熄灭。

触头间介质击穿电压的大小与触头之间的温度、离子浓度和距离（电弧长度）等因素有关。当温度低、离子浓度低、触头之间距离长（电弧长度长）时，触头之间的介质击穿电压高；反之，触头之间的介质击穿电压低。

触头之间的恢复电压主要与电路中电源电压、电路中电感（或电容）性负载与电阻性负载所占比例，以及电弧暂时熄灭前电弧电流的变化速率等因素有关。当电感（或电容）性负载所占比例大时（即电压与电流相位差较大），恢复电压增加较快，不利于灭弧。电路为纯电阻性负荷时，恢复电压等于电源电压，则有利于灭弧。一般电路中均有电感存在，如果电弧暂时熄灭前电流变化速率很大，将在电感元件上产生很大的感应电动势，这样电弧暂时熄灭后，触头间的恢复电压将等于电源电压再加上一个很大的感应电动势，能使恢复电压增长速率加快，不利于电弧熄灭。

（二）开关电器电弧熄灭方法

在开关电器中，为加速电器触头之间电弧的熄灭，不同类型的开关电器可采用不同的灭弧施与方法。加速开关电器中灭弧方法主要有如下几种。

1. 气体吹动电弧

利用温度较低的气体吹动电弧，气流会使电弧温度降低，并带走大量带电质子（正离子、负离子和自由电子），从而提高弧隙的介质击穿电压，使电弧加速熄灭。

按照吹动电弧气体的流动方向不同，吹动电弧的方法又可分为纵向吹动和横向吹动两种。纵向吹动指气体吹动方向与电弧轴向相平行的吹弧方式；横向吹动指气体吹动方向与电弧轴向相互垂直的吹弧方式。横向吹动时还能拉长电弧、增大电弧冷却面积，并带走大量带电质子，其灭弧效果较好。

2. 拉长电弧

拉长电弧方式是采用加快触头之间的分离速度等措施，使电弧的长度迅速增长、电弧表面积迅速增大，从而提高触头间的介质击穿强度，加速电弧熄灭。

3. 电弧与固体介质接触

当电弧与优质固体灭弧介质（如石英砂等）接触时，固体介质能使电弧迅速冷却，并由于金属蒸气大量在介质表面凝结，减少了弧隙的金属蒸气，使触头间的带电质子（正离子、负离子和自由电子）急剧减少，迅速提高介质击穿电压，从而达到加速电弧熄灭的目的。

二、高压断路器

（一）用途和结构

断路器在电力系统中起着两方面的作用：① 控制作用，即根据电力系统运行需要，将一部分电力设备或线路投入或退出运行；② 保护作用，即在电力设备或线路发生故障时，通过继电保护装置作用于断路器，将故障部分从电力系统中迅速切除，保证电力系统无故障部分的正常运行。

高压断路器的类型很多，但就其结构来讲，都是由开断元件、支撑绝缘件、传动元件、基座及操动机构五个基本部分组成。开断元件是断路器的核心元件，控制、保护等方面的任务都由它来完成，其他组成部分都是配合开断元件，为完成上述任务而设置的，如图 1-1 所示。

（二）类型和适用场所

断路器按其所采用的灭弧介质，可大致分为下列三种类型。

1. 油断路器

采用变压器油作灭弧介质的断路器称为油断路器，若断路器的油还兼作开断后的绝缘和带电部分与接地外壳之间的绝缘介质，称为多油断路器；若油仅作为灭弧介质和触头开断后的绝缘介质，而带电部分对地之间的绝缘介质采用瓷或其他介质的，称为少油断路器。油断路器主要用在不需频繁操作及不要求高速开断的各级电压电网中。

图 1-1　高压断路器

2. 六氟化硫（SF_6）断路器

采用具有优良灭弧性能和绝缘性能的 SF_6 气体作为灭弧介质的断路器称为 SF_6 断路器，在电力系统中广泛应用，适用于频繁操作及要求高速开断的场合。在我国推荐在 7.2～40.5kV 电压等级选用 SF_6 断路器，特别是 126kV 以上几乎全部选用 SF_6 断路器，但不适用于高海拔地区。

3. 真空断路器

利用真空的高介质强度来灭弧的断路器称为真空断路器，现已大量应用在 7.2～40.5kV 电压等级的供（配）电网络上，也主要用于频繁操作及要求高速开断的场合。但在海边地区使用时应注意防凝露，因为凝露会使断路器灭弧室灭弧能力下降。

目前，在电力系统中主要使用以上三种形式的断路器，而一些旧式断路器，如空气断路器等，已逐步被淘汰。

（三）型号表示方法

高压断路器的型号由字母和数字组成，表示如下：

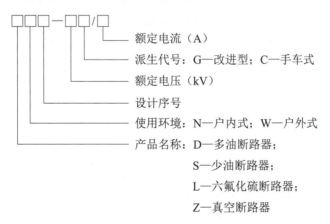

额定电流（A）

派生代号：G—改进型；C—手车式

额定电压（kV）

设计序号

使用环境：N—户内式；W—户外式

产品名称：D—多油断路器；

　　　　　S—少油断路器；

　　　　　L—六氟化硫断路器；

　　　　　Z—真空断路器

（四）主要技术参数

1. 额定电压

额定电压是指断路器能承受的正常工作线电压。目前我国电力系统中断路器采用的额定电压等级为 10、35、66、110、220、330、500kV。

2. 额定电流

额定电流是指断路器可以长期通过的工作电流。断路器长期通过额定电流时，其各部分的发热温度不超过允许值。我国规定的断路器额定电流为 200、400、630、（1000）、1250、1600、（1500）、2000、3150、4000、5000、6300、8000、10 000、12 500、16 000、20 000A。

3. 额定开断电流

在额定电压下，规定的时间内断路器能可靠切断的最大电流的有效值称为额定开断电流 I_k，它表示断路器的断路能力。我国规定的断路器额定开断电流为 1.6、3.15、6.3、8、10、12.5、16、20、25、31.5、40、50、63、80、100kA 等。

4. 动稳定电流

断路器在闭合位置时所能通过的最大短路电流称为动稳定电流，亦称额定峰值耐受电流。它表明断路器在冲击短路电流作用下承受电动力的能力。这个值的大小由导电及绝缘等部分的机械强度所决定。

5. 热稳定电流

热稳定电流是断路器在规定时间内允许通过的最大电流，它表示断路器承受短路电流热效应的能力，以短路电流的有效值表示。断路器的铭牌上规定了一定时间（1、2、4s）内的热稳定电流。

（五）灭弧原理

1. 油断路器的灭弧

这类断路器用油作灭弧介质，电弧在油中燃烧时，油受电弧的高温作用而迅速分解、蒸发，并在电弧周围形成气泡，能有效地冷却电弧，降低弧隙电导率，促使电弧熄灭。油断路器中设置了灭弧装置（室），使油和电弧的接触紧密，气泡压力得到提高。当灭弧室喷口打开后，气体、油和油蒸气本身形成一股气流和液流，按照具体的灭弧装置结构，可垂直于电弧横向吹弧，平行于电弧纵向吹弧或纵横结合等方式吹向电弧，对电弧实行强力有效的吹弧，这样加速去游离过程，缩短燃弧时间，从而提高断路器的开断能力，使电流在过零时灭弧。

2. SF_6 断路器的灭弧原理

SF_6 断路器用 SF_6 气体作为灭弧介质。SF_6 气体是理想的灭弧介质，它具有良好的热化学性与强负电性。

（1）热化学性，即 SF_6 气体有良好的热传导特性。由于 SF_6 气体有较高的导热率，电弧燃烧时，弧心表面具有很高的温度梯度，冷却效果显著，所以电弧直径比较小，有利于灭弧。同时 SF_6 在电弧中热游离作用强烈，热分解充分，弧心存在着大量单体的 S、F 及其离子等，电弧燃烧过程中，电网注入弧隙的能量比空气和油等作灭弧介质的断路器低得多。因此，触头材料烧损较少，电弧也就比较容易熄灭。

（2）SF_6 气体的强负电性是说这种气体分子或原子生成负离子的倾向性强。由电弧电离所产生的电子，被 SF_6 气体和由它分解产生的卤族分子和原子强烈的吸附，因而带电粒子的移动性显著降低，并由于负离子与正离子极易复合还原为中性分子和原子，导致弧隙空间导电性的消失过程非常迅速。弧隙电导率很快降低，从而促使电弧熄灭。

3. 真空断路器的灭弧原理

真空断路器应用真空作为绝缘和灭弧介质。断路器开断时，电弧在真空灭弧室触头材料所产生的金属蒸气中燃烧，称为真空电弧。当开断真空电弧时，由于弧柱内外的压力与密度差别都很大，所以弧柱内的金属蒸气与带电质点会不断向外扩散。弧柱内部处在一面向外扩散，一面电极不断蒸发出新质点的动态平衡中。随着电流减小，金属蒸气密度与带电质点的密度都下降，最后在电流接近零点时消失，电弧随之熄灭。此时，弧柱残余的质点继续向外扩散，断口间的介质绝缘强度迅速恢复，只要介质绝缘强度的恢复速度大于电压恢复上升速度，电弧则最终熄灭。

三、隔离开关

（一）用途和结构

高压隔离开关主要用来隔离高压电源、以保证检修安全，因此其结构特点是断开后具有明显可见的断开间隙。它的另一结构特点是没有专门的灭弧装置，因此它不能带负荷操作。但它允许通断一定的小电流，如励磁电流不大于 2A 的空载变压器，充电电容电流不大于 5A 的空载线路以及电压互感器回路等。开关柜用的户内隔离开关主要有 GN19、GN6、GN9 系列。

隔离开关主要由导电部分、绝缘部分、传动部分和底座部分组成，如图 1-2 所示。

（二）型号表示方法

高压隔离开关型号含义如下：

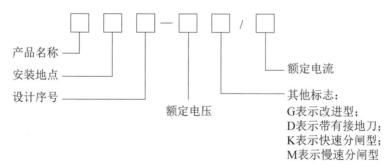

（三）主要技术参数

1. 额定电压

额定电压是指隔离开关能承受的正常工作线电压。目前，我国电力系统中隔离开关采用的额定电压等级为 10、35、66、110、220、330、500kV。

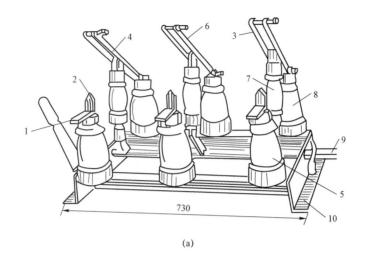

(a)

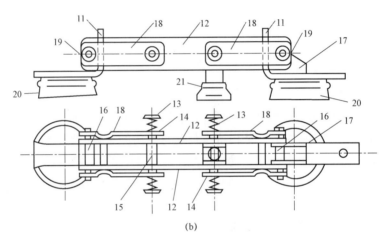

(b)

图 1-2　隔离开关

（a）外观图；（b）载流部分结构

1—连接板；2—静触头；3—接触条；4—夹紧弹簧；5，8—支持绝缘子；6—镀锌钢片；7—拉杠绝缘子；

9—传动主轴；10—底架；11—静触头；12—接触条；13—弹簧；14—杆；15—套管；

16—轴；17—轴承；18—钢片；19—缺口；20—支持绝缘子；21—操作绝缘子

2. 额定电流

额定电流是指隔离开关可以长期通过的工作电流。隔离开关长期通过额定电流时，其各部分的发热温度不超过允许值。我国规定的隔离开关额定电流为 200、400、630、（1000）、1250、1600、（1500）、2000、3150、4000、5000、6300、8000、10 000、12 500、16 000、20 000A。

3. 动稳定电流

隔离开关在闭合位置时所能通过的最大短路电流称为动稳定电流，亦称额定峰值耐受电流，它表明隔离开关在冲击短路电流作用下承受电动力的能力。这个值的大小由导电及绝缘等部分的机械强度所决定。

4. 热稳定电流

热稳定电流是隔离开关在规定时间内，允许通过的最大电流，它表示隔离开关承受短路电流热效应的能力。以短路电流的有效值表示。隔离开关的铭牌上规定了一定时间（1、2、4s）内的热稳定电流。

（四）常用隔离开关

常用的 GW4—12～252 系列隔离开关如图 1−3 所示。

GW4–35

图 1−3　GW4—12～252 系列隔离开关

GW4 系列户外交流高压隔离开关是双柱式三相交流 50Hz 户外高压设备，用于 10～220kV 的电力系统中，供在有压无负载时分合电路之用，以及将被检修的高压母线、断路器等电气设备与带电的高压线路进行电气隔离之用。

GN19—12 系列户内交流高压隔离开关是三相交流 50Hz 的高压开关设备，用于电压 10kV 的电力系统中，作为有电压无负载的情况下分、合电路之用。隔离开关配用的 CS6—1 型手力操动机构如图 1−4 所示。

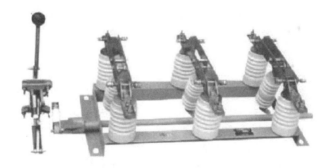

图 1−4　隔离开关配用的 CS6—1 型手力操动机构

四、高压负荷开关

（一）用途和结构

负荷开关的用途与它的结构特点是相对应的，从结构上看，负荷开关主要有两种类型，一种是独立安装在墙上、架构上的，其结构类似于隔离开关；另一种安装在高压开关柜中，特别是采用真空或 SF_6 气体的，则更接近于断路器。

负荷开关的用途主要包含这两种类型的负荷开关的综合用途。

（1）负荷开关在断开位置时，像隔离开关一样有明显的断开点，因此可起电气隔离作用，为停电的设备或线路提供可靠停电的必要条件。

（2）负荷开关具有简易的灭弧装置，因而可分、合负荷开关本身额定电流之内的负荷电流。它可用来分、合一定容量的变压器、电容器组，一定容量的配电线路。有的车间变压器距高压配电室的断路器较远，停电时在车间变压器室中看不到明显的断开点，此时在变压器室的墙上加装一台高压负荷开关，既可以就近操作变压器的空载电流，又可以提供明显的断开点，确保停电的安全可靠。

（3）配有高压熔断器的负荷开关，可作为断流能力有限的断路器使用。这时负荷开关本身用于分、合正常情况下的负荷电流，高压熔断器则用来切断短路故障电流。但这里的负荷开关多为真空式或六氟化硫式，整个环网柜体积不大，最大可带容量为 1250kVA 的变压器。

（二）分类

负荷开关种类较多，从使用环境上分有户内式、户外式，从灭弧形式和灭弧介质上分有压气式、产气式、真空式、六氟化硫式等。对于 10kV 高压用户来说，老用户用的多为户内型压气式或产气式的；新用户采用环网柜，用的多为六氟化硫式的。而 10kV 架空线路上用的则为户外式的。

（三）型号表示方法

负荷开关的型号由七个部分组成，例如 FN2—10RS/400 代表：负荷开关户内型；设计序号为 2；额定电压 10kV；带熔断器；熔断器装在上面；额定电流 400A。表示如下：

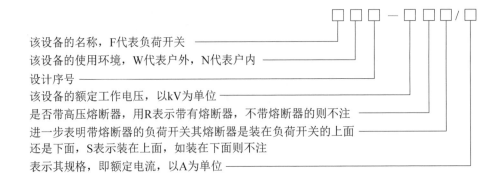

该设备的名称，F代表负荷开关
该设备的使用环境，W代表户外，N代表户内
设计序号
该设备的额定工作电压，以kV为单位
是否带高压熔断器，用R表示带有熔断器，不带熔断器的则不注
进一步表明带熔断器的负荷开关其熔断器是装在负荷开关的上面
还是下面，S表示装在上面，如装在下面则不注
表示其规格，即额定电流，以A为单位

（四）主要技术参数

部分常用负荷开关技术数据如表1-1所示。

表1-1 部分常用负荷开关技术数据

型号	额定电压（kV）	额定电流（A）	额定短路关合电流峰值（kA）	额定开断电流（kA）			动稳定电流峰值（kA）	热稳定电流有效值（kA）	配用熔断器断流容量(MVA)	
				空载 cosφ≤0.15	轻载 cosφ≤0.4	满载 cosφ≤0.7			上限	下限
FW9—10R	10	6.3	0.4	0.4	1	6.3	4	1.6(2s)	50	5
FW5—10	10	200	3.15	1.25			10	4(4s)	—	
FW11—10（柱上SF₆）	10	400	16	6.3			16'试验通过31.5	6.3(4s)	—	
FN2—10	10	400	—	2.5(6kV) 1.25(10kV)			40	16(4s)	200	
FN2—10R							25	6.3(4s)		
FN3—6(R)	6	400	15	0.85(cosφ=0.15)	cosφ=0.7	1.95	25	9.5(4s)	200	
FN3—10(R)	10					1.45				

五、高压熔断器

（一）用途和型号

1. 用途

高压熔断器是一种保护电器，当系统或电气设备发生短路故障或过负荷时，故障电流或过负荷电流使熔体发热熔断、切断电路起到保护作用。高压熔断器分为限流和不限流两类。户内高压熔断器为限流式熔断器。

2. 型号

高压熔断器的型号由六部分组成，表示如下：

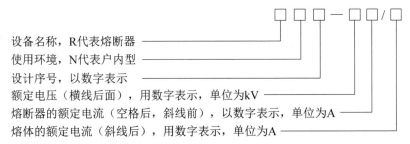

设备名称，R代表熔断器 ————————
使用环境，N代表户内型 ————————
设计序号，以数字表示 ————————
额定电压（横线后面），用数字表示，单位为kV ————————
熔断器的额定电流（空格后，斜线前），以数字表示，单位为A ————————
熔体的额定电流（斜线后），用数字表示，单位为A ————————

例如：RN1—10 20/10 表示：熔断器户内型；设计序号为1，额定电压10kV，熔断器额定电流20A，熔体额定电流10A。

3. 限流式熔断器的熔断体分类

按开断电流的范围分为 g 熔断体和 a 熔断体；按使用类别分为 G 熔断体和 M 熔断体。

g 熔断体表示在电压、功率因数或电路时间常数等规定条件下，从约定熔化电流到额定开断能力之间的所有电流都能开断的一种限流熔断体。一般称为全范围开断能力熔断体。a 熔断体表示在电压、功率因数或电路时间常数等规定条件下，从约定熔化电流到额定开断能力之间只能进行部分范围开断的一种限流熔断体。一般称为部分范围开断能力熔断体。G 熔断体表示一般用途熔断体。M 熔断体表示用于电动机保护的熔断体。

（二）工作原理

熔断器的主要元件是一种易于熔断的熔断体，简称熔体。熔体或熔丝由熔点较低的金属制成，具有较小截面或其他结构的形式，当通过的电流达到或超过一定值时，熔体本身产生的热量使其温度升高，达到金属的熔点时，熔体熔断切断电源，从而完成过载电流或短路电流的保护。为了得到大的切断能力和各种需要的保护特性，熔体的设计显得非常重要。

熔断器工作包括四个物理过程：① 流过过载或短路电流时，熔体发热以至熔化；② 熔体气化，电路开断；③ 电路开断后的间隙又被击穿，产生电弧；④ 电弧熄灭。

熔断器的切断能力取决于最后一个过程。熔断器的动作时间为上述四个过程的时间总和。

（三）熔断器的特性

熔断器的保护性能的特性有：

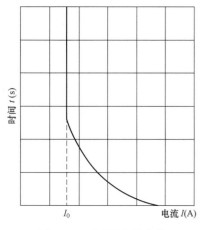

图 1−5　反时限电流曲线

（1）时间—电流特性，即反时限电流曲线，如图 1−5 所示。

（2）I^2t 特性，即过负荷时间电流曲线，又分为弧前 I^2t 特性和熔断 I^2t 特性。

（3）截断电流特性，表征熔断器限制短路电流能力的特性。

（4）安秒特性，即熔体熔化时间与通过电流值的关系。按照安秒特性进行熔断的选择，就可以获得熔断器的动作选择。

（四）熔断器技术参数

熔断器技术参数分为熔断器技术参数和熔断体技术参数。

熔断器（底座）技术参数包括额定电压、额定电流、分断范围、电流种类、额定频率、外壳防护等级 IPXX 等。

熔断体技术参数包括额定电压、额定电流、分断范围、使用类别、额定开断能力、电流种类、额定频率、最小熔化电流。

在通过最小熔化电流值时，熔体必须熔化，但熔化时间长（接近于无穷大）。当电流大于最小熔化电流值时，熔化时间迅速降低。

当需要对同一网路上串联分级的各个熔断器进行动作时间配合时，通常要考虑上下级熔断器的电流选择比。g 熔体的过电流选择比有 1.6:1 和 2:1 两种。

在熔断器中，熔断器的温度与熔体的温度不一样。在最小熔断电流时，由于发热时间长，熔断器管的发热最为严重。

在不同电流值时，国家标准对于熔体的熔断时间有规定。例如，当电流为熔体额定电流130%时，熔化时间大于1h；当电流为额定电流的200%时，熔化时间应小于1h。

熔断器工作的物理过程是间隙气化后，线路开断，断点间电压升高，使间隙击穿，产生电弧。因此在熔断器切断过程中，有过电压问题。这种过电压取决于线路电流被切断的情况以及被打穿间隙的长度。

（五）常用高压熔断器

1. 国产高压管形熔断器

国产高压管形熔断器有 RN1 和 RN2 两种，都是户内式充有石英砂填料的密封管熔断器，两者结构基本相同，工作熔体采用焊有小锡球的铜熔丝。高压熔断器如图 1-6 所示。

利用冶金效应（锡是低熔点金属，过电流时，锡受热首先熔化，熔液包围铜，铜锡互相渗透，形成熔点比较低的铜锡合金，使铜丝能在较低的温度下熔化），熔断器能在较小的故障或过负荷电流时动作。同时熔丝采用几根熔丝并联，使它们在熔断时产生几条并行电弧，使电弧与填料的接触面增大，去游离加强，加速电弧的熄灭。工作熔体熔断后，指示熔体接着熔断，红色指示器弹出。管形熔断器熔管剖面图如图 1-7 所示。

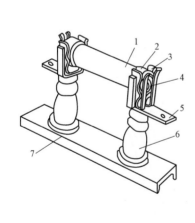

图 1-6　高压熔断器

1—瓷熔管；2—金属管帽；3—弹性触座；
4—熔断指示器；5—接线端子；
6—瓷绝缘支柱；7—底座

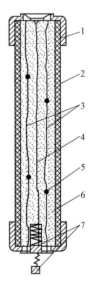

图 1-7　管形熔断器熔管剖面图

1—金属管帽；2—瓷管；3—工作熔体（铜丝，上焊锡球）；
4—指示熔体（铜丝）；5—锡球；6—石英砂填料；
7—熔断指示器（虚线表示熔体熔断后弹出）

RN1 和 RN2 型熔断器规格如表 1-2 所示。

表 1−2   RN1 和 RN2 型熔断器规格

熔断器容量（A）	熔体额定电流（A）	熔断器容量（A）	熔体额定电流（A）
20	2'3'5'7'10'15'20	150	150
50	30'40'50	200	200
100	75'100		

2. 户外型高压熔断器

户外型高压熔断器又称为跌开式或跌落式熔断器，俗称跌落保险。正常情况下，熔管上部的动触头借助熔丝张力拉紧后，推上静触头内锁紧机构闭合保持闭合状态。当被保护的变压器或线路发生故障时，故障电流使熔体熔断，在熔管内产生电弧，消弧管在电弧高温作用下分解出大量气体，使熔管内压力急剧增大，气体向外喷出，形成对电弧的有力纵吹，使电弧迅速拉长去游离，在电流交流过零时电弧熄灭，同时由于熔丝管拉力消失，使锁紧机构释放，在静触头的弹力和自重的作用下，使熔管跌落下来，电弧被迅速拉长，既有利于灭弧，又形成明显的断开距离。户外型高压熔断器如图 1−8 所示。

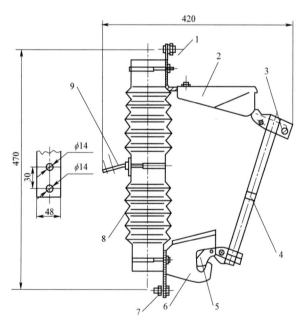

图 1−8 户外型高压熔断器

1—上接线卡板；2—上支座；3—上触头；4—消弧管；5—下触头；6—下支座；

7—下接线卡板；8—绝缘子；9—安装板

部分 RW 型熔断器规格如表 1−3 所示。

表 1-3　　　　　　　　　　**部分 RW 型熔断器规格**

型号	额定电压（kV）	额定电流（A）	断流容量（MVA）	
			上限	下限
RW3—10/50 RW3—10/100 RW3—10/200 RW3—10/100	10	50 100 200 100	50 100 200 75	5 10 20 —
RW5—35/50 RW5—35/100—400 RW5—35/200—800 RW5—35/100—400GY	35	50 100 200 100	200 400 800 400	15 10 30 30

第二节　配　电　变　压　器

一、配电变压器的工作原理

根据电磁感应原理，变化的电场可以产生变化的磁场，而变化的磁场又可以产生变化的电场（即"电生磁，磁生电"），变压器就利用这种原理，将一种电压等级的交流电能转换成同频率的另一种电压等级的交流电能。确切地说，变压器具有变压、变流、变换阻抗和隔离电路的作用。

变压器是一种静止电器，其主要部件是一个铁心和套在铁心上的两个绕组。两绕组只有磁耦合，没有电联系。在一次绕组中加上交变电压，产生交链一、二次绕组的交变磁通，如图 1-9 所示，在两绕组中分别感应电动势 e_1、e_2。根据电磁感应定律可写出电动势的瞬时方程式为

$$e_1 = -N_1 \frac{\mathrm{d}\phi}{\mathrm{d}t}$$

$$e_2 = -N_2 \frac{\mathrm{d}\phi}{\mathrm{d}t}$$

$$\frac{e_1}{e_2} = \frac{E_1}{E_2} = \frac{N_1}{N_2}$$

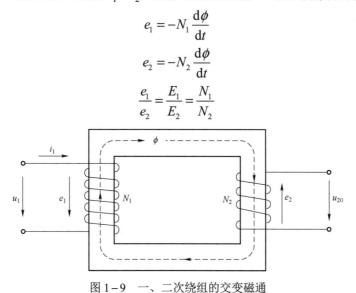

图 1-9　一、二次绕组的交变磁通

铁心的作用是加强两个线圈间的磁耦合。为了减少铁心涡流和磁滞损耗，铁心由涂漆的硅钢片叠压而成；两个线圈由绝缘铜线（或铝线）绕成。一个线圈接交流电源，称为一次绕组（旧称初级线圈或原线圈），另一个线圈接用电器，称为二次绕组（旧称次级线圈或副线圈）。实际的变压器是很复杂的，不可避免地存在铜损（线圈电阻发热）、铁损（铁心发热）和漏磁（经空气闭合的磁感应线）等，为了简化讨论这里只介绍理想变压器。理想变压器成立的条件是：忽略漏磁通，忽略一、二次绕组的电阻，忽略铁心的损耗，忽略空载电流（二次绕组开路时一次绕组中的电流）。电力变压器在满载运行时（输出额定功率）即接近理想变压器情况。

当变压器的一次绕组接在交流电源上时，铁心中便产生交变磁通，交变磁通用 Φ 表示。一、二次绕组中的 Φ 是相同的，Φ 也是简谐函数，表示为 $\Phi=\Phi_{m}\sin\omega t$。由法拉第电磁感应定律可知，一、二绕组中的感应电动势为

$$e_1=-N_1 \mathrm{d}\Phi/\mathrm{d}t、\quad e_2=N_2 \mathrm{d}\Phi/\mathrm{d}t$$

式中：N_1、N_2 为一、二次绕组的匝数。由图 1−9 可知 $U_1=e_1$，$U_2=e_2$（一次绕组物理量用下角标 1 表示，二次绕组物理量用下角标 2 表示），其复有效值为 $U_1=-E_1=\mathrm{j}N_1\omega\Phi$、$U_2=E_2=-\mathrm{j}N_2\omega\Phi$，令 $k=N_1/N_2$，称变压器的变比。由上式可得 $U_1/U_2=N_1/N_2=k$，即变压器一、二次绕组电压有效值之比等于其匝数比，而且一、二次绕组电压的位相差为 π。

在空载电流可以忽略的情况下，有

$$I_1/I_2=N_2/N_1$$

即一、二次绕组电流有效值大小与其匝数成反比，且相位差为 π。

进而可得理想变压器一、二次绕组的功率相等 $P_1=P_2$。

说明理想变压器本身无功率损耗。实际变压器总存在损耗，其效率为 $\eta=P_2/P_1$。电力变压器的效率可达 90%以上。

二、配电变压器的基本结构

配电变压器的基本结构由四个部分组成，即铁心、绕组调压装置和其他部分。

（一）铁心

铁心是变压器的基本部件之一，是变压器的磁路，也是变压器器身的机械骨架，如图 1−10所示。铁心由铁心柱和铁轭两部分组成，为了提高导磁性能和减少铁损，目前主要采用厚度0.23~0.35mm、表面涂有绝缘漆的冷轧硅钢片叠成，近年则开始采用厚度 0.02~0.06mm 薄带状非晶合金材料。

变压器铁心中的每片硅钢片为拼接片，如图 1−11 所示。在叠片时，采用叠接式，即将上下两层叠片的接缝错开，可缩小接缝间隙，以减小励磁电流。

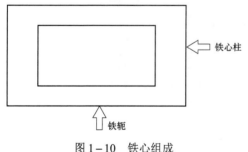

图 1−10 铁心组成

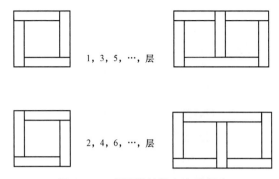

1, 3, 5, …, 层

2, 4, 6, …, 层

图 1-11　变压器的铁心中硅钢片

当采用冷轧硅钢片时，应用斜切钢片的叠装方法，可提高导磁系数，降低损耗。

叠装好的铁心，其铁轭用槽钢（或焊接夹件）及螺杆固定，铁心柱则用环氧无纬玻璃丝粘带绑扎。

铁心柱的截面在小型变压器中采用方形，在容量较大的变压器中则采用阶梯形。铁轭的截面有矩形及阶梯形，其截面一般比铁心柱截面大 5%～10%，以减小空载电流和空载损耗。

近年来出现了卷烧铁心制作工艺，采用卷烧心制成的变压器具有减少空载损耗（减少20%～30%）、降低噪声、节约硅钢片等优点。变压器的铁心一般采用一点接地，以消除因不接地而在铁心或其他金属构件上产生的悬浮电位，避免造成铁心对地放电。

（二）绕组

绕组是变压器的电路，是变压器的基本构件之一，一般用电导率较高的铜导线或铜箔绕制而成。

对于三相变压器，根据两组绕组的相对位置，绕组可分为同心式和交叠式两种，如图 1-12、图 1-13 所示。

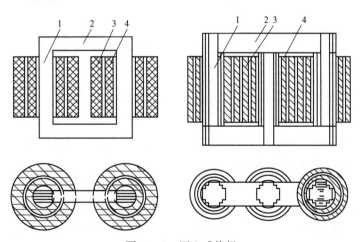

图 1-12　同心式绕组

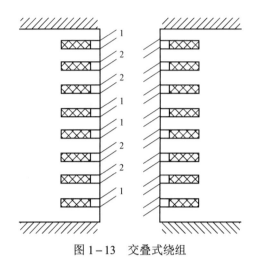

图 1−13　交叠式绕组

根据绕组和铁心的相对位置，变压器有心式结构和壳式结构两种，如图 1−14 所示。

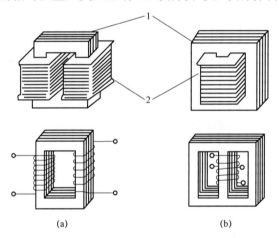

图 1−14　变压器心式和壳式结构
(a) 心式；(b) 壳式

　　配电变压器采用同心式绕组时，一般低压绕组靠近铁心，高压绕组套在外面。高、低压绕组间与低压绕组、铁心柱之间留有一定的绝缘间隙和油道，并用绝缘纸筒隔开。

　　套管是变压器的主要部件之一，用于将变压器内部高、低绕组引线与电力系统或用电设备进行电气连接，并保证引线对地绝缘。

　　目前配电变压器低压套管一般采用复合瓷绝缘式，高压套管采用单体瓷绝缘式。复合瓷绝缘式套管 BF 型如图 1−15 所示，套管由上瓷套和下瓷套组成绝缘部分。上瓷套作为径向绝缘和气侧轴向绝缘，下瓷套作为油侧轴向绝缘。单体瓷绝缘式套管又分为导电杆式和穿缆式两种。套管在油箱上排列的顺序，一般从高压侧看，由左向右为高压侧 U1−V1−W1、低压侧 N−U2−V2−W2。

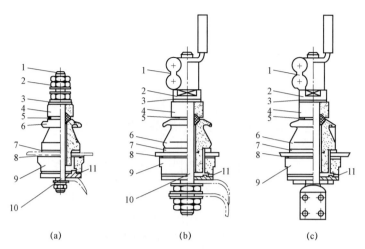

图 1-15　BF-1/300～3000 型套管结构（复合绝缘式套管）

(a) 600A 及以下；(b) 800～1200A（下端只属于 1200A）；(c) 2000～3000A

1—接线头；2—圆螺母；3—衬垫；4—瓷盖；5—封环；6—上瓷套；7—密封垫圈；8—纸垫圈；

9—下瓷套；10—导电杆；11—纸垫圈

（三）调压装置

调压装置是变压器的主要元件之一，是控制变压器输出电压在指定范围内变动的调节装置，也称为分接开关。其工作原理是通过改变一次绕组与二次绕组的匝数比来调整输出电压，以达到调压目的。调压装置可分为无励磁调压装置和有载调压装置两种。

1. 无励磁调压装置

无励磁调压装置俗称无载调压装置，需在变压器停电条件下方可切换绕组中的线圈抽头，实现调压。

配电变压器主要采用无励磁调压开关。在三相中性点调压无励磁分接开关中，主要型号有 WSPLL，俗称九头分接开关，直接固定在变压器箱盖上，采用手动操作，动触头片间互差 120°，同时与定触头闭合，形成中性点。

2. 有载调压装置

有载调压装置俗称有载分接开关，允许在变压器运行带电的状态下进行调压。其工作原理是通过由电抗器或电阻构成的过渡电路限流，把负荷电流由一个分接头切换到另一个分接头上，以达到调压的目的。目前主要采用电阻型有载调压装置，其分接开关电路主要由过渡电路、选择电路和调压电路三部分组成。

（四）其他结构部件

如图 1-16 所示，油浸式电力变压器还包括油箱、储油柜、安全气道等结构部件。

三、配电变压器的分类

1. 按相数分

（1）单相变压器：用于单相负荷和三相变压器组。

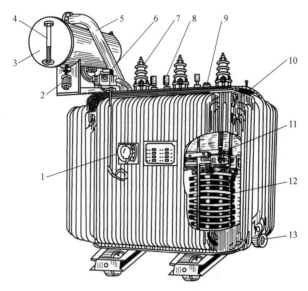

图 1-16 油浸式电力变压器

1—信号式温度计；2—吸湿器；3—储油柜；4—油位计；5—安全气道；6—气体继电器；7—高压套管；

8—低压套管；9—分接开关；10—油箱；11—铁心；12—线圈；13—放油阀门

（2）三相变压器：用于三相系统的升、降电压。

2. 按冷却方式分

（1）干式变压器：依靠空气对流进行自然冷却或增加风机冷却，多用于高层建筑、高速收费站点用电及局部照明、电子线路等小容量变压器。

（2）油浸式变压器：依靠油作冷却介质，如油浸自冷、油浸风冷、油浸水冷、强迫油循环等。

3. 按用途分

（1）电力变压器：用于输配电系统的升、降电压。

（2）仪用变压器：如电压互感器、电流互感器、用于测量仪表和继电保护装置。

（3）试验变压器：能产生高压，对电气设备进行高压试验。

（4）特种变压器：如电炉变压器、整流变压器、调整变压器、电容式变压器、移相变压器等。

4. 按绕组形式分

（1）双绕组变压器：用于连接电力系统中的两个电压等级。

（2）三绕组变压器：一般用于电力系统区域变电站中，连接三个电压等级。

（3）自耦变电器：用于连接不同电压的电力系统。也可作为普通的升压或降压变压器用。

5. 按铁心形式分

（1）心式变压器：结构比较简单，高压绕组与铁心的距离远，绝缘容易处理，在高压电力变压器中应用较多。

（2）非晶合金变压器：采用非晶合金制成铁心的变压器，空载电流下降约80%，是节能效果较理想的配电变压器，特别适用于农村电网和发展中地区等负载率较低场合。

（3）壳式变压器：用于大电流的特殊变压器，如电炉变压器、电焊变压器；或用于电子仪器及电视、收音机等的电源变压器。

四、配电变压器的铭牌及其技术参数

配电变压器在规定的使用环境和运行条件下，主要技术数据标注在变压器的铭牌中，并将其固定在明显的位置上，如图1－17所示。铭牌的主要技术参数包括相数、额定电压、额定频率、额定容量、额定电流、阻抗电压、负载损耗、空载电流、空载损耗和联结组别等。

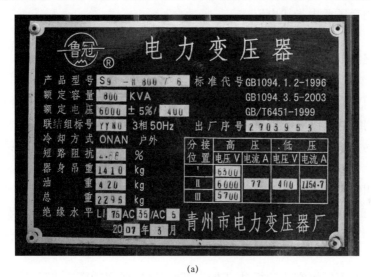

(a)

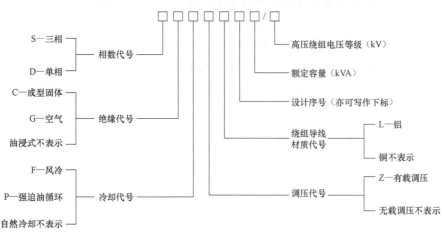

(b)

图1－17　配电变压器的铭牌及其型号表示

（a）铭牌；（b）型号表示

1. 相数

变压器分为单相变压器、三相变压器两种。

2. 额定频率

额定频率指变压器设计时所规定的运行频率，以赫兹（Hz）为单位。我国规定的额定频率为 50Hz。

3. 额定电压

额定电压是指单相或三相变压器出线端子之间所施加的电压值，且在长期运行时所能承受的工作电压。

4. 额定电流

额定电流指在额定容量下和允许温升条件下，变压器在连续运行时允许通过的最大电流有效值，在三相变压器中指线电流。

5. 额定容量

额定容量指铭牌规定的额定使用条件下所能输出的视在功率。

6. 负载损耗

负载损耗也叫短路损耗、铜损，当带分接的绕组接在其主要分接位置上并接入额定频率的电压，另一侧绕组出线端子短路，流过绕组出线端为额定电流时，变压器消耗的有功功率。负载损耗的大小与变压器绕组的材质有关，在变压器运行中随负荷的变化而变化。

7. 空载损耗

空载损耗也叫铁损，当以额定频率的额定电压施加在一次侧绕组上，另一侧绕组开路时，变压器所吸收的有功功率即为空载损耗。空载损耗主要为铁心中磁滞损耗和涡流损耗，其与铁心材质、制作工艺有关，一般认为一台变压器的空载损耗不会随负荷的变化而变化。

8. 空载电流

空载电流是指在变压器空载运行时的电流，即以额定频率的额定电压施加于一次侧绕组，二次侧开路时流过进线端子的电流。

冷却方式指绕组、油箱内外的冷却介质和循环方式，主要有油浸自冷、油浸风冷、强迫油循环风冷、强迫油循环水冷、强迫导向油循环风冷、强迫导向油循环水冷等方式。

温升指变压器所考虑部位的温度与外部冷却介质温度之差，对于空气冷却的变压器，温升是指变压器考虑部位与冷却空气的温度差。

五、配电变压器联结组别

按一、二次侧线电动势的相位关系，把变压器绕组的连接分成各种不同的组合，称为绕组的联结组。

在三相变压器中，对于一次绕组或二次绕组，主要采用星形和三角形两种联结形式。我国生产的三相电力变压器常用 Yyn、Yd、YNd 三种联结形式。

为了制造和并联运行时的方便，我国规定 Yyn0、Yd11、YNd11、YNy0、Yy0 等五种作为三相电力变压器的标准联结组。

1. Yy 联结

Yy 联结如图 1-18（a）所示，同名端在对应端，对应的相电动势同相位，线电动势 $\dot{E}_{UV}$ 和 $\dot{E}_{uv}$ 也同相位，联结组别为 Yy0。若高压绕组三相标志不变，低压绕组三相标志依次后移，可以得到 Yy4、Yy8 联结组别。同理，若异名端在对应端，可得到 Yy6、Yy10 和 Yy2 联结组别。

2. Yd 联结

Yd 联结如图 1-19 所示，同名端在对应端，对应的相电动势同相位，线电动势 $\dot{E}_{UV}$ 和 $\dot{E}_{uv}$ 相差 330°，连接组别为 Yd11。若高压绕组三相标志不变，低压绕组三相标志依次后移，可以得到 Yd3、Yd7 联结组别。同理，若异名端在对应端，可得到 Yd5、Yd9 和 Yd1 联结组别。

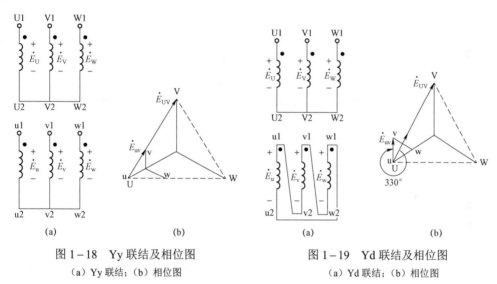

图 1-18　Yy 联结及相位图
（a）Yy 联结；（b）相位图

图 1-19　Yd 联结及相位图
（a）Yd 联结；（b）相位图

六、变压器的并联运行

变压器并联运行是指将几台变压器的一、二次绕组分别接在一、二次侧的公共母线上，共同向负载供电的运行方式。并联运行的优点是：① 提高供电的可靠性；② 提高供电的经济性；③ 可以根据负载的大小调整投入并联运行变压器的台数，提高运行效率。

1. 变压器并联运行的条件

理想条件下变压器并联运行须满足如下条件：

1）空载时各变压器绕组之间无环流；

2）负载后，各变压器的负载系数相等；

3）负载后，各变压器的负载电流与总的负载电流同相位。

为了达到上述理想运行情况，并联运行的变压器需满足以下条件：

1）各变压器一、二次侧的额定电压分别相等，即变比相同；

2）各变压器的连接组别相同；

3）各变压器的短路阻抗（短路电压）的标幺值相等，且短路阻抗角也相等。

2. 并联条件不满足时的运行分析

（1）变比不等时并联运行。当变压器的变比不等时，在空载时会形成环流，变比差越大，环流越大。由于变压器的短路阻抗很小，即使变比差很小，也会产生很大的环流。环流的存在既占用了变压器的容量，又增加了变压器的损耗，这是很不利的。

为了保证空载时环流不超过额定电流的 10%，通常规定并联运行的变压器的变比差不大于 1%。

（2）联结组别不同时并联运行。联结组别不同时，二次侧线电压之间至少相差 30°，则二次线电压差为线电压的 51.8%，同样由于变压器的短路阻抗很小，这么大的电压差将产生几倍于额定电流的空载环流，会烧毁绕组，因此联结组别不同绝不允许并联。

（3）短路阻抗标幺值不等时并联运行。各台变压器所分担的负载大小与其短路阻抗标幺值成反比。为了充分利用变压器的容量，达到理想的负载分配，应使各台变压器的负载系数相等，而且短路阻抗标值相等。

为了使各台变压器所承担的电流同相位，要求各变压器的短路阻抗角相等。一般来说，变压器容量相差越大，短路阻抗角相差也越大，因此要求并联运行的变压器的最大容量比不超过 3:1。

变压器运行规程规定：在任何一台变压器不过负荷的情况下，变比不同和短路阻抗标幺值不等的变压器可以并联运行。又规定：阻抗标幺值不等的变压器并联运行时，应适当提高短路阻抗标幺值大的变压器的二次电压，以使并联运行的变压器的容量均能充分利用。

第三节　配网智能开关、跌落式熔断器、避雷器和环网柜

智能开关主要是对各种感知数据进行测量、监测和控制，整体评估设备操作与控制状态及运行的可靠性，能够及早找出设备运行存在的安全隐患，最大限度避免出现操作故障，提升配网系统运行的稳定性；对开关设备的健康运行情况及时明确，科学安排维护计划。在自动化改造配网中应用智能化开关，可以节省操作成本，提升系统的可行性。

一、智能开关工作原理

智能开关包括设备本体、传感设备、智能零部件，体现出检测数字化、控制信息化、操作可视化、性能一体化等特点。其中检测、控制、计算、监测开关设备本体等所有性能或部分性能的电子设备集合即智能组件，在智能化高压设备中其也是关键零部件。这一组件借助网络对系统层有效连接，与站内各个设备和生产调度管理系统之间完成高效的信息交流。

智能开关设备根据各种不同的感知信息，整体科学评价设备的运行状态、控制状态和

可靠性状态，能够及时发现设备功能存在的安全隐患，并且对即将发生的故障进行有效预防，提升了电力系统安全运行水平；可以有效确定开关的健康状态，科学安排维护计划，提升电力系统的可行性操作水平。

目前智能开关设备主要包括重合器（ACR）、自动线路分段器和自动配电开关（PVS）。它们各自的工作原理如下：

（一）重合器（ACR）

这一设备是一种对电流故障有效检测并且在既定时间内截断故障电流实行重合定次数控制。目前一般重合包括 3 次或 4 次。若发生永久性故障，则不需要实施重合，即开启闭锁操作。这样可以有效分离故障线路和供电系统；对于瞬时产生的故障，可以通过多次重合方案提升重合闸操作水平，最大程度避免发生非故障停电问题。

（二）自动线路分段器

在电力系统中这是对线路区段有效隔离产生的自动保护设备。其主要是配合应用ACR，可以对故障范围内的路段有效分离，并且减少停电区域。分段器无法对故障电流有效切断，当线路出现问题时，主要通过电源保护装置对故障线路有效切断，分段器的计数设备主要开展统计工作，当达到预先设备的次数以后，断开故障线路的同时，分段器自行跳开，有效分离了故障线路和系统；若没有达到预先设定的次数，不会分断分段器，再次重合 ACR，如此可以对线路供电有效恢复。

（三）自动配电开关（PVS）

这是实现自动化操作配电网的关键元件，其与上述零件的不同之处就是对网络电压积极检测，并利用是否存在在电压对电路切断与关合积极判断。PVS 的开关主要是真空断路器，根据负荷断开与接通电流进行设计。

（四）ZW32—12 智能户外交流高压断路器

近年来随着技术水平的发展和材料工艺的改进，研制出一种一二次融合断路器成套装置 ZW32—12 智能户外交流高压断路器，简称 ZW32—12 断路器，如图 1-20 所示。主要用于 10kV 配网主干线路的分段与联络功能。其采用全密封、全绝缘设计，断路器本体与三遥馈线终端采用喷塑处理，满足抗凝露要求；所有航空接插件采用军品级配件，电缆与航插采用全密封处理，拥有极高的防护等级；具备计算有功功率、无功功率，功率因数、频率和电能量的功能；具备自适应综合型就地馈线自动化功能。断路器内置一组高精度的电流传感器，采集三相电流和零序电流，为测量、保护和计量功能提供电流信号；断路器设备内置一组高精度、宽范围电压传感器，采集三相电压和零序电压，满足 RN2012 馈线终端（FTU）的测量和计量功能。

其中 RN2012 馈线终端（FTU）采用三遥设计，内置高精度电能计量模块，满足高压线损计算需求；可根据实际运行的工况，灵活配置运行参数及控制逻辑，实现单相接地、相间短路故障处理，可直接跳闸切除故障，具备自动重合闸功能，重合次数及时间可调；具备暂态录波功能，可实现单相接地故障录波并将数据上传至配电自动化主站功能，满足相应通信协议；应具备合闸涌流保护功能；具备自适应综合型就地馈线自动化功能，不依赖主站和通信，通过短路/接地故障检测技术、无压分闸、故障路径自适应延时来电合闸等控制逻辑，自适应多分支多联络配电网架，实现单相接地故障的就地选线、区段定位与隔离；配合变电站出线开关一次合闸，实现永久性短路故障的区段定位和瞬时性故障供电恢复；配合变电站出线开关二次合闸，实现永久性故障的就地自动隔离和故障上游区域供电恢复。

图 1-20　ZW32—12 断路器

1. ZW32—12 断路器的主要特点

该断路器为全封闭结构，将三相结合在一起，灭弧室、操动机构及电流互感器安装于密闭的不锈钢气箱内，如图 1-20 所示。箱体采用成熟的密封结构技术，机构罩及箱体上盖采用冲压成型 V 形槽密封。主回路及二次元器件、操动机构均密封在 SF_6 气体中，密封性能可靠。

采用技术先进的灭弧装置，SF_6 气体绝缘，具有高分断能力，可开断 20kA 额定短时短路电流。进出线套管采用环氧树脂与硅橡胶 APG 工艺合成，独特的硅橡胶套管进出线结构，使套管之间绝缘距离充裕，运行安全可靠。在箱体顶部安装有防爆装置，即使发生意外、内部故障，也不会有高温气体或飞溅物泄漏出来。

操动机构采用小型化弹簧操动机构，分合闸能耗低，具有电动合、分闸操作功能及手动合、分闸功能：机构传动采用直动传输方式，分合闸部件少，可靠性高。操动机构置于密封的断路器机构箱中，解决了机构锈蚀的问题，提高了机构的可靠性；断路器的分合闸操作可采用手动或电动操作及远方操作，可与控制器 RTU 配合使用，满足配网自动化的各项要求。

该断路器采用内置式二相或三相干式电流互感器，零序电流互感器为一体式内置套管型，变比及精度可根据用户的要求选配；电压互感器安装于开关本体两侧，供装置测量及供电电源用。断路器结构如图 1-21 所示，断路器带隔离开关结构如图 1-22 所示。

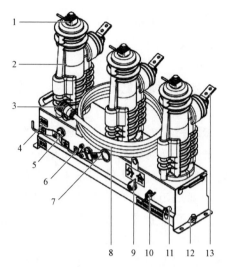

图 1-21　断路器结构示意图

1—上进线臂；2—断路器固封极柱；3—航空连接器；4—就地远程状态指示器；5—分、合闸手柄，就地、远程联动控制器（内置）；
6—储能状态指示器；7—手动储能手柄；8—控制电缆；9—分、合闸状态指示器；10—重合闸投切装置；
11—二次接地螺母；12—机箱接地螺母；13—下出线臂

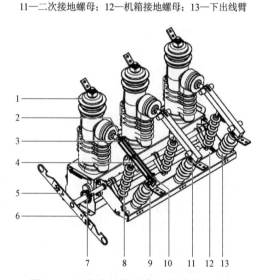

图 1-22　断路器带隔离开关结构示意图

1—断路器固封极柱；2—动触头弹簧；3—动触头；4—隔离刀闸；5—分/合闸指示；6—操作手柄；7—操作手柄调节转盘；
8—绝缘拉杆；9—静触头；10—动触头弹簧；11—硅胶罩；12—隔离复位弹簧；13—绝缘子

2. 使用环境条件

（1）海拔：低于 2000m。

（2）环境温度：户外 $-25\sim+70℃$，最高年平均气温 20℃，最高日平均气温 30℃。

（3）抗震能力：地面水平加速度 $0.3g$，垂直加速度 $0.15g$，同时作用持续三个正弦波，安全系数 1.67。

（4）最大日温差：25℃。

（5）日照强度：$0.1W/cm^2$（风速 0.5m/s 时）。

（6）最大风速：不大于 25m/s。

（7）最大覆冰厚度：10mm。

（8）运行环境：户外、无易燃、爆炸危险、化学腐蚀及剧烈振动的场所。

3．工作原理与过程

（1）灭弧原理。真空永磁断路器采用真空灭弧室，以真空作为灭弧和绝缘介质，具有极高的真空度。当动、静触头在操动机构作用下带电分闸时，在触头间将会产生真空电弧。同时，由于触头的特殊结构，在触头的间隙中也会产生适当的纵向磁场，促使真空电弧保持为扩散型，并使电弧均匀地分布在触头表面燃烧，维持低的电弧电压，在电流自然过零时，残留的离子、电子和金属蒸汽在微秒数量级的时间内就可复合或凝聚在触头表面和屏蔽罩上，灭弧室断口的介质绝缘强度很快被恢复，从而电弧被熄灭达到分断的目的。由于采用纵向磁场控制真空电弧，所以真空断路器具有强而稳定的开断电流能力。

（2）储能。真空永磁断路器分合闸能量储存在高性能电容器中，电容器安装于馈线终端（FTU）箱体内。分合闸时由电容器瞬时放电提供能量。电容器充电能量由馈线终端（FTU）的主电源或后备电源提供，充电时间不大于 10s，电容电压误差不大于 1V。

（3）合闸操作。本地按动合闸按钮，或者通过馈线终端（FTU）控制合闸操作，激励操动机构的合闸线圈，使铁心驱动断路器动触头按规定速度合闸。判断出断路器已处在合闸位置时，控制回路自动将合闸线圈电源断开，此时铁心由于永久磁铁的作用保持在合闸侧，在合闸线圈断电后，它不仅能够克服断路器触头弹簧的反作用力，而且还具有合闸自保持力，使断路器可靠地保持在合闸位置。

（4）分闸操作。馈线终端（FTU）控制分闸，激励操动机构的分闸线圈，在克服合闸侧永久磁铁的自保持力的同时使分闸弹簧拉动铁心，驱动断路器动触头按规定速度分闸。判断出断路器已处在分闸位置时，控制回路自动将分闸线圈电源断开，此时铁心由于分闸弹簧拉力的作用保持在分闸侧，使断路器可靠地保持在分闸位置。

手动紧急分闸操作：断路器在合闸位置，用绝缘操作棒钩住断路器手动分闸操作把柄上的拉环，并向下拉动，断路器即可分闸，并且仍具有一定的分闸速度，可保证断路器能可靠地开断额定负荷电流。

（五）智能开关功能

（1）智能开关保护逻辑功能：分段开关自动隔离功能是采用微机保护、无压分闸、来压合闸及合闸保护等逻辑，就近隔离故障区域。保证故障点上游线路不停电，最小化隔离故障区域；多保护模式结合能有效解决架空线路保护选择性跳闸难题，降低故障影响范围；提高供电可靠性并降低电量损失。

（2）联络开关自愈功能：根据线路保护情况自动转供电切换，实现线路供电网络重构，提高供电可靠性。实现了非故障区域的自愈，恢复故障点下游正常供电；故障自动隔离，最小化隔离故障区域；提高供电可靠性并降低电量损失。

（3）智能开关具备线路检无压和检同期，保证分支线路及线路末端重合闸功能。能够减少瞬时故障停电；断路器上自带重合闸硬压板开关，可选择重合闸功能的投入或退出。

（4）智能开关具有录波功能。在短路接地故障时能够录入故障波形，方便波形查询和波形数据的收集，通过波形分析提高故障研判率。

（5）智能开关具有接地故障电流和短路故障电流方向的研判，能实时将短路故障、接地故障、遥控分、合闸、手动分、合闸动作类型上报。

（6）智能开关具有开关"四遥"功能（即查看遥测值、开关位置、远程开关分合、远方定值设置），微机保护功能（过流、速断、涌流及过压保护），可实现全方位保护，有效控制故障的影响范围，快速隔离故障。

（7）智能开关具有电量数据自动采集、实时量测量和计量数据冻结功能。

（六）智能开关保护配置原则

分段开关在开关合闸瞬间开放速断保护功能，若速断保护动作则闭锁开关在分闸位置，若开关合闸一定时间内速断保护未动作，则闭锁速断保护；分段开关两侧失压后自动分闸，一侧带电后延时合闸。联络开关保护功能与分段开关相同；联络开关在一侧失压后开始计时，到达事先整定时间后自动合闸。

分支线开关及用户分界开关配置速断电流保护、后备过流保护及重合闸功能。速断电流保护与变电站出线开关过流Ⅱ段保护配合，其动作电流一般按照 6 倍后端最大负荷电流整定。后备过流保护与变电站出线开关过流Ⅲ段保护配合，一般按照 4 倍后端最大负荷电流整定。时间级差可按 70～100ms 逐级递减。重合闸延时可参照变电站出线开关进行设置。

二、跌落式熔断器

（一）跌落式熔断器的结构与工作原理

跌落式熔断器俗称令克，是 10kV 配电线路分支线和配电变压器常用的一种短路保护开关，具有经济、操作方便、适应户外环境性强等特点。

跌落式熔断器又叫跌开式断路器，其种类较多，按电压的高低可分为高压和低压熔断器，按装设地点又可分为户内式和户外式，按结构的不同可分为螺旋式、插片式和管式，按是否有限流作用又可分为限流式和无限流式等。目前在电力系统中使用最广泛的高压熔断器是跌落式熔断器和限流式熔断器，跌落式熔断器的结构如图 1－23 所示。

跌落式熔断器的安装板固定在支持绝缘子的中部。支持绝缘子上有上、下接线端，供连接导线之用。上、下接线端上附有上、下静触头。熔丝管由酚醛纸管或层压玻璃布管制成，内衬以消弧管；两端装有上、下动触头，熔丝穿入熔丝管后，利用熔丝的张力将上、下动触头拉紧，使熔断器保持闭合状态。

操作时，用高压绝缘棒将熔丝管的下动触头插入下接线端，使其与下静触头接触，然后将高压绝缘棒的拉钩穿入熔丝管的操作环内，带动熔丝管，使其上动触头推入上接线端，与上静触头接触，将电路接通。

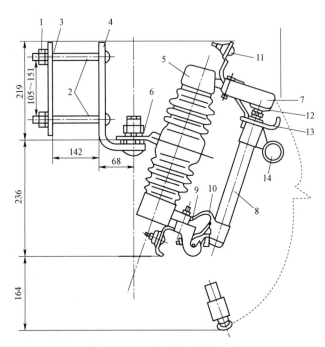

图 1-23　跌落式熔断器结构图

1—螺母；2—螺杆；3—安装支架 I；4—安装支架 II；5—瓷件；6—弹簧垫圈；7—上盖槽；8—熔管；9—下支座；
10—下触头；11—接线端；12—上触头；13—导向钩；14—操作环

　　熔丝管两端的动触头依靠熔丝（熔体）系紧，将上动触头推入"鸭嘴"凸出部分后，磷铜片等制成的上静触头顶着上动触头，故而熔丝管牢固地卡在"鸭嘴"里。当线路或设备发生故障时，故障电流使熔丝迅速熔断而产生电弧，消弧管在电弧作用下产生大量气体，因熔丝管上端被封死，使管内形成很大的压力，气体高速向下端喷出，这股强大的气流，将电弧迅速拉长而熄灭。由于熔丝熔断，熔丝管的上下动触头失去熔丝的系紧力，在熔丝管自身重力和上、下静触头弹簧片的作用下，熔丝管的上、下动触头失去张力而松动，上动触头在弹簧的作用下向下滑脱，熔丝管靠自重跌落，熔断器处于断开状态，出现明显的断口；熔丝管迅速跌落，使电路断开，切除故障段线路或者故障设备。

　　在实际 10kV 线路系统中和配电变压器上的熔断器不能正确动作，其原因是：① 电工素质不够高，责任心不够强，常年不进行跌落式熔断器的维护和检修；② 产品质量低劣，不能灵活进行拉、合操作。此外，实际经常出现缺熔管、缺熔体或用铜丝、铝丝甚至用铁丝勾挂代替熔体的情况，使得线路的跳闸率和配电变压器的故障率居高不下。

　　（二）跌落式熔断器主要功能

　　跌落式熔断器安装在 10kV 配电线路分支线上，可缩小停电范围，因其有一个明显的断开点，具备了隔离开关的功能，给检修段线路和设备创造了一个安全作业环境，增加了检修人员的安全感。安装在配电变压器上，可以作为配电变压器的主保护，在 10kV 配电线路和配电变压器中得到了普及。

（三）跌落式熔断器使用环境条件

产品正常使用条件为：环境温度不高于+40℃，不低于−40℃；海拔不超过 1000m；最大风速不超过 35m/s；地震强度不超过 8 度。不适用于下列场所：① 有燃烧或爆炸危险的场所；② 有剧烈振动或冲击的场所；③ 有导电、化学气体作用及严重污秽、盐雾地区。

（四）对跌落式熔断器（开关）的选择

跌落式熔断器适用于环境空气无导电粉尘、无腐蚀性气体及易燃、易爆等危险性环境，年度温差变化在±40℃以内的户外场所。其选择是按照额定电压和额定电流两项参数进行，也就是熔断器的额定电压必须与被保护设备（线路）的额定电压相匹配。熔断器的额定电流应大于或等于熔体的额定电流。而熔体的额定电流可选为额定负荷电流的 1.5～2 倍。此外，应按被保护系统三相短路容量对所选定的熔断器进行校核，保证被保护系统三相短路容量小于熔断器额定断开容量的上限，但必须大于额定断开容量的下限。若熔断器的额定断开容量（一般是指其上限）过大，很可能使被保护系统三相短路容量小于熔断器额定断开容量的下限，造成在熔体熔断时难以灭弧，最终引起熔管烧毁、爆炸等事故。

三、避雷器

（一）避雷器简介

避雷器一种能释放雷电或兼能释放电力系统操作过电压能量，保护电工设备免受瞬时过电压危害，又能截断续流，不致引起系统接地短路的电气装置。避雷器连接在导线和地之间，通常与被保护设备并联，可以有效地保护电力设备，一旦出现不正常电压，避雷器动作起到保护作用，当电压值正常后，避雷器又迅速恢复原状，保证系统正常供电。

（二）避雷器的分类

避雷器按其发展的先后可分为：① 保护间隙，是最简单形式的避雷器，可保护两个电力设备；② 管型避雷器，也是一个保护间隙，但它能在放电后自行灭弧，回复到原有的状态，不受电流的冲击；③ 阀型避雷器，是将单个放电间隙分成许多短的串联间隙，同时增加了非线性电阻，提高了保护性能；④ 磁吹避雷器，利用了磁吹式火花间隙，提高了灭弧能力，同时还具有限制内部过电压能力；⑤ 氧化锌避雷器是利用了氧化锌阀片理想的伏安特性（非线性极高，即在大电流时呈低电阻特性，限制了避雷器上的电压，在正常工频电压下呈高电阻特性），具有无间隙、无续流残压低等优点，也能限制内部过电压，被广泛使用。

（三）避雷器的主要作用

避雷器在额定电压下相当于绝缘体，不会有任何的动作产生。当出现危机或者高电压的情况下，避雷器就会产生作用，将电流导入大地，有效地保护电力设备。

避雷器的实质是过电压能量的吸收器。它与被保护设备并联运行，当作用电压超过一定幅值后避雷器总是先动作，通过它自身泄放掉大量的能量，限制过电压，保护电气设备。

避雷器放电后，避雷器两端的过电压消失，系统正常运行电压又继续作用在避雷器两端。在这一正常运行电压作用下，处于导通状态的避雷器中继续流过工频接地电流，该电流称为工频电流，以电弧放电的形式出现。工频续流的存在一方面使相导线对地的短路状态继续维持，系统无法恢复正常运行。

作为过电压保护装置，当电网电压升高达到避雷器规定的动作电压时，避雷器动作，释放电压负荷，将电网电压升高的幅值限制在一定水平之下，从而保护设备绝缘所能承受的水平。现代避雷器除了限制雷电过电压外，还能限制一部分操作过电压，因此称为过电压限制器更为确切。

（四）避雷器工作原理

避雷器设置在与被保护设备对地并联的位置，如图1-22所示，各种避雷器均有一个共同的特性，即在高电压作用下呈现低阻状态，而在低电压作用下呈现高阻状态。在发生雷击时，当雷电波过电压沿线路传输到避雷器安装点后，由于这时作用于避雷器上的电压很高，避雷器将动作，并呈低阻状态，从而限制过电压，同时将过电压引起的大电流泄放入地，使与之并联的设备免遭过电压的损害。

在雷电侵入波消失后，线路又恢复到传输的工频电压，这一工频电压相对雷电侵入波过电压来说是低的，于是避雷器将转变为高阻状态，接近于开路，此时避雷器的存在将不会对线路上正常工频电压的传输产生响应。

避雷器的工作原理如图1-24所示，其保护间隙由两个电极组成。当雷波浸入时，间隙首先击穿，工作母线接地，从而避免被保护设备上的电压升高，从而保护设备。

过电压消失后，间隙中仍存在工频连续电流。由于间隙灭弧能力差，往往不能自动灭弧，导致断路器跳闸，这是保护间隙的主要缺陷。因此，该间隙可用于自动重合闸。

1. 角形保护间隙

常用的角形保护间隙如图1-25所示。它由主间隙1和辅助间隙2串联而成。

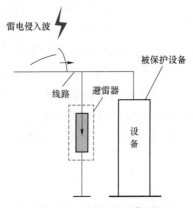

图1-24 避雷器工作原理

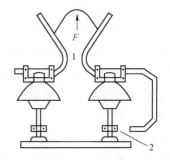

图1-25 角形保护间隙结构及工作原理

F—工频续流电弧运动方向

主间隙的两个电极做成角形。正常运行时，间隙与地面绝缘。当受到雷电过电压时间隙击穿，工作回路接地，从而保护与间隙并联的电气设备。辅助间隙的设置是为了防止主间隙被异物（如鸟）短路，从而避免整个保护间隙误动作。

主间隙做成羊角形，是为了在自身电磁力和热风流的作用下，使工频连续电流电弧向上拉长，容易熄灭。

2. 管式避雷器

管式避雷器实质上是一种具有较高熄弧能力的保护间隙，其原理结构如图1-26所示，它由两个间隙串联组成，一个间隙 S_1 装在产气管1内，称为内间隙（又称排气式避雷器）；另一个间隙 S_2 装在产气管外，称为外间隙。当雷电压过电压作用于避雷器两端时，内、外两个间隙均被击穿，使雷电流经间隙入地，在雷电过电压消失后，系统正常运行电压将在间隙中继续维持工频续流电弧，电弧的高温使产气管内的有机材料分解并产生大量气体，使管内气压升高，气体在高气压作用下由环形电极的孔口急速喷出，从纵向强烈地吹动电弧通道，使工频续流在第一次过零时熄灭。

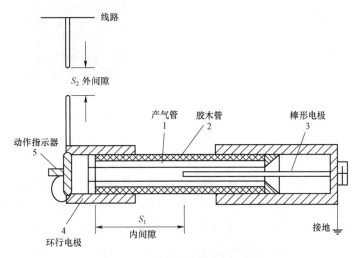

图1-26 管式避雷器的原理结构

3. 阀式避雷器

阀型避雷器的基本元件为间隙和非线性电阻，间隙与非线性电阻相串联。在电力系统正常工作时，间隙将工作阀片与工作母线隔离，以免烧坏阀片。当系统中出现过电压，且其电压超过间隙放电电压时，间隙击穿，冲击电流通过阀片流入大地，由于阀片的非线性特性，在阀片上产生的压降得到限制，使其低于被保护设备的冲击耐压，设备就得到了保护。当电压消失后，工频续流仍将流过避雷器，此续流受阀片电阻的非线性特性所限制远比冲击电流为小，使间隙能在工频续流第一次过零值时就将电弧切断。以后就依靠间隙的绝缘强度耐受电网恢复电压的作用而不会发生重燃。

阀式避雷器可分为普通型和磁吹型两类，如图1-27所示，普通型的熄弧完全依靠间隙的自然熄弧能力，不能承受较长持续时间的内过电压冲击电流的作用，因此此类避雷器通常不容许在内部过电压下使用，目前只使用于220kV及以下系统作为限制大气过电压作用。而磁吹型是利用磁吹电弧来强迫熄弧，其单个间隙熄弧能力较高，能在较高恢复电压下切断较大的工频续流。若此类避雷器阀片的热容大，能容许通过内部过电压下的冲击电流，则此类避雷器尚可考虑用作限制内部过电压的备用措施。

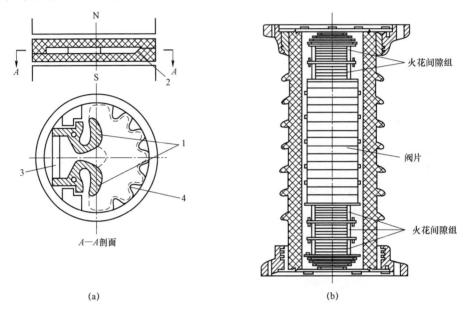

图1-27 普通型和磁吹型阀式避雷器结构图

（a）普通型；（b）磁吹型

1—角状电极；2—灭弧盒；3—并连电阻；4—灭弧栅

氧化锌避雷器是一种新型避雷器。核心部件是氧化锌阀片。氧化锌压敏阀板是以氧化锌（ZnO）为主要原料，掺入微量氧化铋、钴、锑等添加剂制成的。它经过成型、烧结、表面处理等工序制成，具有非常理想的伏安特性和优良的非线性特性。

在实际应用中，氧化锌电阻最重要的性能指标是电压和电流之间的非线性关系，即伏安特性。典型氧化锌电阻器的伏安特性如图1-28所示。该特性可大致划分为小电流区、限压工作区和过载区三个工作区。

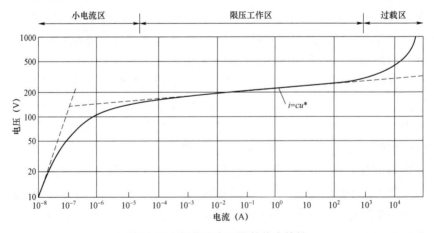

图1-28 氧化锌电阻器的伏安特性

（五）避雷器的电气特性参数

1. 额定电压

额定电压是指允许加在避雷器两端的最大工频电压有效值，它允许将工作频率电压施加到避雷器，根据网络单相接地条件下的健全相上最大工频过电压来选取，并通过动作负荷试验和工频电压耐受特性试验进行校核。

在额定电压下，避雷器应能够吸收规定的雷电或操作过电压能量，其自身特性基本不变，不发生热击穿。

2. 持续运行电压

持续运行电压是指允许长期连续加在避雷器两端的工频电压有效值。氧化锌避雷器在吸收过电压能量时温度升高，限压结束后避雷器在此电压下应能正常冷却而不致发生热击穿。避雷器持续运行电压一般应等于或大于系统的最高运行相电压。

3. 起始动作电压

起始动作电压是氧化锌避雷器通过 1mA 的工频电流幅值或直流电流时，其两端工频电压幅值或直流电压值，该值大致位于伏安特性曲线上由小电流区向限压工作区转折的转折点处，从这一电压开始，避雷器将进入限压工作状态。

4. 残余电压

残余电压是指避雷器通过规定波形的冲击电流时，其两端出现电压峰值。残压越低，避雷器的限压性能越好。

5. 压比

压比是指氧化锌避雷器通过 8/20μs 的额定冲击放电电流时的残压与起始工作电压之比。压比越小，表明通过冲击大电流时的残压越低，避雷器的保护性能越好。

6. 荷电率

荷电率表示氧化锌阀片上的电压负荷，它是避雷器的持续运行电压幅值与直流起始动作电压的比值。荷电率的高低将直接影响到避雷器的老化过程。当荷电率高时，会加快避雷器的老化，适当降低荷电率可以改善避雷器的老化性能，同时也可以提高避雷器对暂态过电压的耐受能力。但是，荷电率过低也会使避雷器的保护性能变坏。荷电率值一般取为45%～75%或更高，在中性点非有效接地系统中，因单相接线时健全相上的电压幅值更高，所以应选较低的荷电率。

四、环网柜

户外环网柜作为新兴的配电设备，是由一组高压开关设备装在钢板金属柜体内或做成拼装间隔式环网供电单元的电气设备，其核心部分采用负荷开关和熔断器。户外环网柜具有结构简单、体积小、价格低、可提高供电参数和性能及供电安全等优点，在城镇配电网中使用愈加广泛。

（一）环网柜的结构及特点

环网柜由原来的单辐射升级为现在的环网连接体系，彻底改变了不能相连的弊端，

10kV 环网柜由多路开关组合在同一箱体内，使整台环网柜体积较小，且接线方式相应灵活多样，可以满足不同配电网络接线的需求。其主要结构由三工位 SF_6 负荷隔离开关或断路器、母线、熔断器、接地开关、操动机构和带电显示器等元件根据不同的要求组合而成。

环网柜的电气接线如图 1-29 所示。

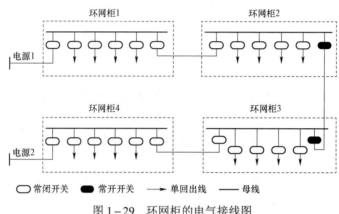

图 1-29 环网柜的电气接线图

（二）环网柜的工作原理

环网是指环形配电网，即供电干线形成一个闭合的环形，供电电源向这个环形干线供电，从干线上再一路一路地通过高压开关向外配电。如图 1-29 所示，电源 1 通过母线供到环网柜 1，通过环网柜 1 的母线分别供给各条出线，再通过与环网柜 2 的连接母线将电源接入环网柜 2，同理通过环网柜 2 的母线供给各回出线。再通过与电源 2 供电的环网柜 3 之间的母线连接，使电源 1 与电源 2 相通。电源 1 和 2 的环网运行可以通过各个环网柜母线上的开关来完成，还可以根据负荷的大小任意切换供电电源。当任意一环网柜发生故障时，可以随时将故障环网柜切除，通过不同电源确保其他设备正常运行。

1. 环网柜特点

（1）良好的绝缘性能。开关装置和硬母线密闭在同一个金属外壳内，采用 SF_6 作为灭弧介质和绝缘介质。开关采用三相联动的 SF_6 负荷开关或断路器，以 ABB 公司的产品为例，其额定电流为 630A，短时耐受电流可达 25kA/2s 以上，能满足 10kV 电网的要求。由于采用 SF_6 气体作为开断和绝缘介质，其绝缘效果好，灭弧能力强，不燃烧，不会氧化触头。

（2）安全可靠的连锁装置。

1）操动机构联锁：在负荷开关和接地开关的操作孔上安装联锁推板，确保在一项操作未完成之前不能进行另一项操作，有效地防止了误操作的发生。

2）接地开关与电缆箱盖之间的联锁：在接地开关未完全合上之前，无法打开电缆箱盖进入电缆室，防止人身触电事故发生。同理，在未关上电缆箱盖时，接地开关也无法打开。

3）接地开关与熔断器盖之间的联锁：在接地开关未完全合上之前，无法打开熔断盖进行熔丝更换工作。由于在熔断器两侧均有接地开关，且两组接地开关是同步完成开合，因此人体可以直接接触熔丝进行更换。同理，只有在熔丝盖完全合上时才能打开接地开关。

（3）操作室面板有明显指示。

1）负荷开关和接地开关的位置指示：能正确指示开关的开、合。

2）具有带电显示插孔：由于环网柜一次带电部位全封闭，给验电工作带来了困难，因此通过操作室面板上的一个带电显示器正确指示出开关间隔的带电状况，为安全生产带来保证。

（4）操作方便，可实现配网自动化。具有储能功能的操动机构能达到速合/速分的目的，且安装电动操动机构后配合遥控装置可实现远动操作，从而实现配网自动化。由于环网柜具有各种联锁，使操作简便，对操作人员的技术要求不高，误操作概率低，避免了由于操作步骤不正确而引发的误操作，确保了人员和设备的安全。

（5）简单的核相功能。由于环网柜采用电缆连接，带电部位是封闭在箱体内的，只有在检修状态下才能打开箱盖，这就造成在线路搭接完成后，无法实现核相的工作。但核相工作在环网供电的网络中尤为重要，是保障供电可靠的关键。因此环网柜可通过相邻间隔的带电显示孔进行核相，只需将试验用接线插入相邻间隔的带电显示插孔的同一相的相线插孔中，通过试验接线上连接的带电显示器的指示即可确定是否为同一相。带电显示器的灯亮，说明两相不为同一相，具有电位差；灯不亮，说明相位为同一相，满足环网送电的要求。

（6）体积小、占地少、安装方便。环网柜由多路开关共箱组成，使得体积大大缩小，相应占地较少，这在城镇用地日益紧张的情况下尤显重要，也对降低线路投资有益。安装方面，只要根据环网柜尺寸浇筑好基础后，直接将环网柜吊装上去，固定好底脚螺栓即可。在电气连接方面，只要将电缆制作好后直接与环网柜接头连接即可，不需做任何形式的调试。

环网柜由于有上述特点，因此在城镇配电线路中得到广泛使用。

2. 环网柜在城镇配电网中的应用

城镇配电线路由于受地理条件和用户位置的限制以及供电可靠性和电能质量要求，大多采用多点、多分段的环网结构开环运行方式，这也使电缆线路分段较多。环网柜具有灵活的接线方式，可以满足城镇配电网这一特点要求。一般环网柜可以各有 2～3 路进、出线单元。进线单元既可作为该环网柜的电源进线，也可作为线路分段联络进、出线使用，还可通过连接电缆分支箱为多条分支送电，有较大的扩展余地。当配电网发生故障和检修时，可通过环网柜的切换，将停电范围控制在最小范围以内，确保健康设备的正常运行，最大限度满足供电可靠性的要求。出线单元按技术要求设置了接地开关、熔断器及带电显示器。熔断器熔丝容量为 6～125A 不等，因此该单元可提供给单台变压器使用，在实际运用中也可通过后接环网式箱式变电站，同时为多台（总容量不超过 1000kVA）变压器供电，作为主干线的一条小支线。

城镇线路受停电时户数的影响，要求供电设备具有良好的电气性能，减少不必要的检修停电。而平时使用的负荷开关和跌落式熔断器受外界环境影响较大，运行一段时间后就出现不能正常工作的情况。如：负荷闸刀操作机构锈蚀不能完全开合；跌落式熔断器触点烧蚀，造成接触不良，或由于瓷件老化而断裂。上述种种情况造成在检修、更换这些问题设备时需停电，或在操作这些设备时由于设备不能正常开合而可能引发跳闸事故，因此供电可靠性得不到保证。而环网柜具有良好的电气性能，能最大限度满足要求。环网柜的一次电气部分封闭在一个充满 SF_6 气体的不锈钢箱体内，受外界的影响小，其电气性能不会随服役时间的推移而有明显的下降，且平时可以满负荷开断，可以减少由于操作引起的停电时间。由于其电气性能好，基本不用考虑由于环网柜本身故障对供电可靠性的影响。利用环网柜，可实现配电网的环网供电，即供电干线形成一个闭合的环形，供电电源向这个环形干线供电，从干线上再通过分路高压开关向外供电。这样的好处是，每一个配电支路既可以从它的左侧干线取电源，又可以由它右侧干线取电源。当左侧干线出故障，打开左侧开关后，可以通过右侧干线继续得到供电，而当右侧干线出故障，它就从左侧干线继续得到供电，从而提高了供电的可靠性。

受资金限制，要求在配电线路投资选设备时要考虑在满足供电可靠性的同时具有较低的价格比。而环网柜在性价比上具有较大优势。

（1）电气方面：平均每个供电单元 4 万～5 万元，和建造一所开闭所相比有极大的优势。

（2）土建方面：由于体积较小，可充分利用城镇人行道边及建筑物之间的空地，基本不影响城镇土地利用率，因为不是建筑物因此不用征地，减少了征地费用，而其基础土建费用每台环网柜仅 0.6 万元左右。

（3）接线方面：由于环网柜可以就近安装，可以确保供电半径最小，使电缆线路长度减短，从而减少进出线的投资费用并保证了电压质量。

3. 环网柜的分类、基本组成

（1）环网柜的分类。环网柜根据气箱结构分为共箱式与单元式；根据整体结构分为美式与欧式；根据绝缘材料分为固体绝缘式、空气绝缘式与 SF_6 气体绝缘式；根据户内外分户内环网和户外环网。

（2）环网柜的基本组成。环网柜一般由开关室、熔断器室、操动机构室和电缆室（底架）四部分组成。

开关室由密封在金属壳体内的各个功能回路（包括接地开关和负荷开关）及其回路间的母线等组成。壳体由 3mm 冷轧钢板（或不锈钢板）焊接而成。每一个功能回路包括一台负荷开关和接地开关。负荷开关是由垂直运动的动触头系统和位于下端的静触头组成，开关合闸时，动触头向下运动，负荷开关接通。接地开关由动触刀和静触刀组成，在弹簧运动过程中，接地开关快速接通。开关室上部和后部开有 4 个长方形装配工艺孔，环网柜的正面装有观察窗，可看到接地开关的分、合位置。在环网柜的后部装有防爆装置。

负荷开关采用压气内吹式结构，灭弧能力强，且不影响相间及对地绝缘，动、静触头均带有弧触头，大大提高了开断次数。

熔断器与负荷开关室构成变压器保护回路，高压限流熔断器装于环氧浇注的绝缘壳体内，熔断器熔断后，弹出撞针，负荷开关分闸。

操动机构室位于环网柜正面，在每个功能回路中，负荷开关配有人力（或电动）储能弹簧操动机构，接地开关配有人力储能弹簧操动机构。面板上有分别用于负荷开关合闸操作和手动分闸旋转钮及接地开关的分、合闸操作孔，负荷开关分、合闸位置指示灯和电动分、合闸按钮，并设有模拟线、开关状态显示牌及加锁位置。负荷开关和接地开关的操作具有联锁装置，可以防止误操作。

（3）型号含义。环网柜的型号为 XGW/N□ – 12（F 或 F·R）/630 – 20

其中：X 表示箱式；G 表示固定式；W 表示户外；N 表示户内；F 表示主开关配负荷开关；F·R 表示主开关配负荷开关—熔断器组合。有的企业在型号最前面增加"H"，表明环网的意思。

（4）主要技术参数。主要技术参数如表 1 – 4 所示。

表 1 – 4　　　　　　　　　　　主 要 技 术 参 数

序号	名称	单位	数据
1	额定电压	kV	12
2	额定频率	Hz	50
3	主母线额定电流	A	630
4	主回路、接地回路额定短时耐受电流	kA/s	20/2
5	主回路、接地回路额定峰值耐受电流	kA	50
6	主回路、接地回路额定短路关合电流	kA	50
7	负荷开关满容量开断次数	次	100
8	熔断器开断电流	kA	31.5,40
9	1min 工频耐受电压（有效值）相间、对地/隔离断口	kV	42/48
10	雷电冲击耐受电压（峰值）相间、对地/隔离断口	kV	75/85
11	二次回路 1min 工频耐压	kV	2
12	防护等级		IP2X

第二章

倒 闸 操 作

　　倒闸操作是电力运行工作人员的一项重要工作。它关系着电网的安全运行，也关系着电气设备上工作人员的生命及操作人员自身的安全。误操作可能造成变电站停电，甚至导致整个电力系统发生故障。倒闸操作是一项比较复杂的工作，既有一次回路操作，也有二次回路的操作，操作项目繁多，稍有疏忽就会造成事故。因此，正确的倒闸操作具有十分重要的意义。运行工作人员一定要树立"安全第一"的思想，严肃认真地进行倒闸操作。

　　倒闸操作是将电气设备从一种状态转换为另一种状态的操作。电气设备状态分为运行、热备用、冷备用、检修四种。运行状态是指电气设备的隔离开关及断路器都在合闸状态且带电运行；热备用状态是指电气设备具备送电条件和启动条件，一经断路器合闸就转变为运行状态；冷备用状态指电气设备除断路器在断开位置，隔离开关也在断开位置；检修状态是指断路器、隔离开关均断开，相应的接地隔离开关在合闸位置。

第一节　倒闸操作基本要求

一、倒闸操作的主要内容

1）拉开或合上断路器和隔离开关；

2）装设或拆除接地线（合上或拉开接地隔离开关）；

3）投入或退出继电保护及自动装置，改变继电保护和自动装置的运行方式或定值；

4）安装或拆除控制回路或电压互感器回路的熔断器；

5）改变有载调压变压器的分接头、消弧线圈的分接头位置；

6）所用电源切换；

7）断路器改非自动等一些特殊的操作。

二、倒闸操作必须符合的条件

1）倒闸操作的操作人和监护人需经考试合格，名单经有关领导批准正式公布；

2）现场一次、二次设备要有明显标志，包括命名、编号、转动方向、切换位置指示以及区别电气相别的漆色；

3）要有与现场设备和运行方式相符合的一次系统模拟图及二次回路原理和展开图；

4）除事故处理外的正常操作要有确切的调度命令和合格的操作票；

5）要有统一确切的操作术语；

6）要有合格的操作工具、安全用具和设施，包括对号放置接地线的专用装置。

三、倒闸操作中的"五防"和把"六关"

"五防"是指：① 防止误拉、误合开关；② 防止带负荷拉、合隔离开关；③ 防止带电挂接地线或合接地隔离开关；④ 防止带接地线或接地隔离开关合闸；⑤ 防止误入带电间隔。

把"六关"是指：① 操作准备关；② 操作票填写关；③ 接令关；④ 模拟预演关；⑤ 操作监护关；⑥ 操作质量检查关。

四、倒闸操作的基本步骤、规范及要求

（一）倒闸操作基本步骤

1）调度预发操作任务，值班员接受并复诵无误；

2）操作人查对模拟图板，填写操作票；

3）审票人审票，发现错误应由操作人重新填写；

4）监护人与操作人相互考问和预想；

5）调度正式发布操作指令，并复诵无误；

6）按操作步骤逐项操作模拟图，核对操作步骤的正确性；

7）准备必要的安全工具、用具、钥匙、并检查绝缘板、绝缘靴、令克棒、验电笔等；

8）监护人逐项唱票，操作人复诵，并核对设备名称、编号相符；

9）监护人确认无误后，发出允许操作的命令"对，执行"，操作人正式操作，监护人逐项勾票；

10）对操作后设备进行全面检查；

11）向调度汇报操作任务完成并做好记录，盖"已执行"章；

12）复查、评价、总结经验。

（二）倒闸操作规范及要求

1. 预受操作任务、明确操作目的

调度预发指令应由值班电工及以上人员受令，发令人先互通单位姓名。发、受操作指令应正确、清晰，并一律使用录音电话或对讲机、普通话和正规的调度术语。受令人应将调度指令内容用钢笔或圆珠笔写在运行记事簿内，在调度预发结束后，受令人必须复诵一遍，双方认为无误后，预发令即告结束。通过传真、对讲机、计算机网络远传的调度操作任务票也应进行复诵、核对，且受令人须在操作任务票上亲笔签名保存。

倒闸操作票任务及顺序栏均应填写双重名称，及设备名称和编号。旁路、母联、分段

断路器应标注电压等级。

发令人对其发布的操作任务的安全性、正确性负责，受令人对操作任务的正确性负有审核把关责任，发现疑问应及时向发令人提出。对直接威胁设备或人身安全的调度指令，值班员有权拒绝执行，并应把拒绝执行指令的理由向发令人指出，尤其决定调度指令的执行或撤销。必要时可向发令人上一级领导报告。

2. 填写操作票

受令后，当值正、副值班电工一起核对实际运行方式、一次系统模拟接线图，明确操作任务和操作目的，核对操作任务的安全性、必要性、可行性及正确性，确认无误后，即可开始填写操作票。

填票人应根据操作任务对照一次系统模拟图及二次保护及设备等方面的资料，认真细心、全面周到、逐项填写操作步骤，填写完毕应自行对照审核，在填票人栏内亲笔签名后交正值审核。

倒闸操作票票面字迹应清洁、整洁。签名栏必须由值班员本人亲自签名，不得代签或漏签。

下列各项应作为单独的项目填入操作票内：

（1）拉、合断路器。

（2）拉、合隔离开关。

（3）为了防止误操作，在操作前对有关设备的运行位置必须进行检查，并应做到在检查后立即进行操作。对于其他操作项目，在操作后检查操作情况是否良好，可不作为单独的项目填写，而只要在该项操作项目的后面注明，检查后必须打勾。

（4）验电及装设、拆除接地线的明确地点及接地线的编号（拉、合接地开关的编号），其中每处验电及装设地线（含接地开关）应作为一个操作项目填写。填写接地线编号只要在该项的最后注明即可，如："在××验明三相确无电压后装设接地线一组（1#）"。

（5）检修结束后恢复送电前，对送电范围内是否有遗留接地线（接地闸刀）等进行检查。

（6）取下、放上控制回路、电压互感器回路的熔断器。

（7）切除保护回路压板和用专用高内阻的电压表检验出口压板两端无电压后投入保护压板。同时切除和投入多块压板可作为一个操作项目填写，但每投、切一块压板时应分别打勾。

操作票中下列三项不得涂改：

1）设备名称编号和状态；

2）有关参数（包括保护定值参数、调度正令时间、操作开始时间）；

3）操作"动词"。

在一项操作任务中，如同时需拉开几个断路器（真空断路器）时，允许在先行拉开几个断路器后再分别拉开隔离开关，但拉隔离开关时必须在检查一个断路器的相应位置后，随即分别拉开对应的两侧隔离开关。

操作票不得使用典型操作票及专家系统自动生成（不含调度操作任务票）。

3. 审核操作票

当值正值对操作票进行全面审核，对照模拟图板对一次设备的操作步骤进行逐项审核，看是否符合操作任务的目的。审核二次回路设备的相应切换是否正确、是否满足运行要求。

审核发现有误，应由填票人进行重新填写，并将原票加盖"作废"章。

审核结束，票面应正确无误，审核人在审核栏亲笔签名。

填票人和审核人不得为同一人。

交接班时，交班人员应将本值未执行操作票主动移交，并交待有关操作注意事项；接班负责人对上一值移交的操作票重新进行审核和签名，并对操作票的正确性负责。

4. 监护人与操作人相互考问和预想

监护人和操作人将填好的操作票到模拟图上进行核对，提出操作中可能遇到的问题（如设备操作不到位、拒动、联锁发生问题等），做好必要的思想准备，查找一些主观上的原因（如操作技能、掌握设备性能、设备的具体位置等）。

5. 调度正式发布操作命令

当值调度发令操作，必须由正值电工接令。调度发令时，双方先互通单位姓名，受令人分别将发令调度员及受令值班员填写在相应栏目内。发令调度员将操作任务的编号、操作任务、发令时间一并发给受令人，受令人填写正令时间，并向调度复诵一遍，经双方核对确认无误后，调度员发出"对，执行"的操作命令，即告发令结束，值班员方可操作。

操作人、监护人在操作票中签名，监护人填写操作开始时间，准备模拟预演。

值班调度员预发的操作票有错误或需要更改，或因运方发生变化不能使用时，应通知运行单位作废，不得在原操作票上更改或增加操作任务项。调度作废的票应加盖"调度作废"章，并在备注栏内注明调度作废时间、通知作废的调度员姓名和受令人姓名。

6. 模拟预演

监护人手持操作票与操作人一起进行模拟预演。监护人根据操作票的步骤，手指模拟图上具体设备位置，发令模拟操作，操作人则根据监护人指令核对无误后，复诵一遍。当监护人再次确认无误后即发出"对，执行"的指令，操作人即对模拟图板上的设备进行变位操作。

模拟操作步骤结束后，监护人、操作人应共同核对模拟操作后系统的运行方式、系统接线是否符合调度操作任务的操作目的。

模拟操作必须根据操作票的步骤逐项进行到结束，严禁不模拟预演就进行现场操作。

7. 准备和检查操作工器具

检查操作所需使用的有关钥匙、红绿牌，并由监护人掌管，操作人携带好工器具、安全用具等。

对操作中所需使用的安全用具进行检查，检查试验周期及电压等级是否合格且符合规定。另外，还应检查外观是否有损坏，如手套是否漏气、验电器试验声光是否正常。

检查操作录音、对讲机设备良好。

8. 核对设备，唱票复诵

操作人携带好必要的工器具、安全用具等走在前面，监护人手持操作票及有关钥匙走在后面。

监护人、操作人到达具体设备操作地点后，首先根据操作任务进行操作前的站位核对，核对设备名称、编号、间隔位置及设备实际情况是否与操作任务相符。核对无误后，监护人根据操作步骤，手指设备名称编号高声发令，操作人听清监护人指令后，手指设备名称牌核对名称编号无误后高声复诵，监护人再次核对无误后，即发"对，执行"的命令。

9. 正式操作，逐项勾票

在操作过程中，必须按操作顺序逐项操作、逐项打勾，不得漏项操作，严禁跳项操作。

操作人得到监护人许可操作的指令后，监护人将钥匙交给操作人，操作人方可开锁将设备一次操作到位，然后重新锁好，将钥匙交回监护人手中。监护人应严格监护格操作人的整个操作动作。每项操作完毕后，监护人须即时在该项操作步骤前空格内打勾。

每项操作结束后都应按规定的项目进行检查，如检查一次设备操作是否到位，三相位置是否一致，操作后是否留下缺陷，检查二次回路电流端子投入或退出是否一致、与一次方式是否相符，压板是否拧紧，灯光、信号指示是否正常，电流、电压指示是否正常等。

没有监护人的指令，操作人不得擅自操作。监护人不得放弃监护工作而自行操作设备。

10. 全面复查，核对图板

操作全都结束后，对所操作的设备进行一次全面检查，以确认操作完整无遗漏，设备处于正常状态。

在检查操作票全部操作项目结束后，再次与一次系统模拟图核对运行方式，检查被操作设备的状态是否已达到操作的目的。

监护人在倒闸搬作票结束时间栏内填写操作结束时间。

11. 操作结束

检查完毕，监护人应立即向调度员或集控中心站值班员、发电厂值长汇报：××时××分已完成××操作任务，得到认可后在操作顺序最后一项的下一行顶格盖"已执行"章，即告本张操作票操作已全部执行结束。

操作票操作结束，由操作人负责做好运行日志、操作任务等相关的运行记录，并按规定保存。

12. 复查评价，总结经验

操作工作全部结束后，监护人、操作人应对操作的全过程进行审核评价，总结操作中的经验和不足，不断提高操作水平。

五、倒闸操作原则

（1）送电时应先电源侧后负荷侧，即先合电源侧的开关设备，后合负荷侧的开关设备。

（2）停电时应先负荷侧后电源侧，即先拉负荷侧的开关设备，后拉电源侧的开关设备。

（3）设备送电前必须将有关继电保护投入，没有继电保护或不能自动跳闸的断路器不准送电。

（4）操作隔离开关时，断路器必须在断开位置。送电时，应先合隔离开关，后合断路器，停电时拉开顺序与此相反。严禁带负荷拉、合隔离开关。

（5）在操作过程中发现误合隔离开关时，不允许将误合的隔离开关再拉开；发现误拉隔离开关时，不允许将误拉的隔离开关再重新合上。

（6）断路器两侧的隔离开关的操作顺序规定如下：送电时，先合电源侧隔离开关，后合负荷侧隔离开关；停电时，先拉负荷侧隔离开关，后拉电源侧隔离开关。

（7）变压器两侧断路器的操作顺序规定如下：停电时，先停负荷侧断路器，后停电源侧断路器；送电时顺序相反。

（8）停用电压互感器时应考虑有关保护、自动装置及计量装置。

（9）倒闸操作中，应注意防止通过电压互感器二次、UPS 不间断电源装置和所内变压器二次侧返回电源至高压侧。

（10）不受供电部门调度的双电源（包括自发电）用电单位，严禁并路倒闸（倒路时应先停常用电源，后合备用电源）。

六、倒闸操作顺序

（一）停电操作

以在不影响正常生产的情况下停一台变压器进行检修的操作为例。

（1）核相，核实两变压器并联运行条件是否满足。

（2）合母联断路器，使两变压器并联运行。

（3）确认母联断路器已连接到位后，分开须停用变压器低压侧总断路器。

（4）查明断路器确实已断开，摇出小车或拉开隔离开关，悬挂相应警示牌。

（5）核实断路器站相对应回路。

（6）将手自动开关拨至手动位置，按下分闸按钮分开需停电变压器高压侧断路器。

（7）确认断路器已断开，摇出小车，合上接地开关，将转换开关拨至自动位，悬挂相应警示牌。

（二）送电操作

（1）摘牌，分开接地闸口，将小车摇入。

（2）将手自动转换开关拨至手动位置，按下合闸按钮，后将转换开关拨至自动位置。

（3）合高压隔离开关。

（4）摇入断路器小车。

（5）按下变压器合闸按钮。

（6）待变压器运行正常后，分断母联断路器，使母联断路器处于热备状态，在进行相关操作时要做到两人执行，一人操作，另一人监护。

1）确认送电方断路器的性能及其电流值，测得或查看受电方负荷大小及电流大小，确认此断路器能否满足负荷的要求，若不满足依据调度的调令调节负荷，确保送电后正常运行。

2）尽量避免同时启动大功率用电设备。

3）一般在紧急情况下或停工状态下使用。

（7）电器联络操作注意事项：

1）操作前首先对联络断路器进行核相，确认三相均为同相且无压差；

2）确定需联络配电室负荷分配情况，是否过大；

3）在合联络断路器前必须把原配电室电源分闸；

4）受电配电室负荷不能过大；

5）尽量避免同时启动大功率用电设备；

6）一般在紧急情况下或停工状态下使用。

七、倒闸操作的基本操作方法

（一）高压断路器的操作

（1）远方操作时扳动控制开关，不得用力过猛或操作过快，以免操作失灵。

（2）断路器合闸、送电或跳闸试送时，除操作和监护人员外，其他人员应尽量远离现场，避免因带事故合闸造成断路器的损坏而发生意外。

（3）拒绝跳闸的断路器不得投入运行。

（4）断路器分、合闸后，应立即检查有关信号和测量仪表的指示。同时应到现场检查其实际分、合位置。

（二）隔离开关的操作

（1）操作隔离开关时，先检查主闸刀和接地闸刀的机械联锁是否正常可靠，电气控制电路和辅助开关、行程开关及电机是否正常。

（2）分、合闸隔离开关时，断路器必须在断开位置，并核对铭牌无误后，方可操作。

（3）隔离刀闸（除变压器或避雷器闸刀）一般不得在带负荷情况下就地手动操作，绝对禁止擅自解锁强行合闸。

（4）隔离开关分、合后，应检查实际位置并销住，以免传动机构或控制回路有故障。合闸后，触头应接触良好；分闸后，张开的角度或拉开的距离应符合要求。

（5）停电操作时，当断路器先断开后，应先拉负荷侧隔离开关，后拉电源侧隔离开关，送电时的操作顺序相反。

（6）在操作过程中，发现误合隔离开关时，不允许将误合隔离开关再拉开，发现误拉隔离开关时，不允许将误拉的隔离开关再重新合上。

（三）验电的操作

电气设备接地前必须先进行验电。验电是一项很重要的工作，切不可疏忽大意。验电操作时，首先要态度认真，克服可有可无的麻痹思想，避免走过场或流于形式。其次要掌握正确的判断方法和要领。验电的方法及要求如下：

（1）高压验电时，操作人员必须戴绝缘手套，穿绝缘鞋。

（2）验电时，必须使用电压登记合格、试验合格的验电器。

（3）验电前，先在有电设备上检查验电器，应确证良好。

（4）在停电设备的各侧（如断路器的两侧、变压器的两侧以及需要短路接地的部分）分相进行验电。

（四）挂接地线的操作方法

挂接地线要按照有关规程的规定进行操作，并注意防止带电挂接地线。挂接地线的操作方法及注意事项如下：

（1）挂接地线前必须验电，验明设备确无电压后，立即将停电设备接地并三相短路。操作时，先接接地线，后接导体端。

（2）挂接地线时，操作人员必须戴绝缘手套，避免感应电的伤害，同时应尽量使用装有绝缘手柄的地线，以减少与一次系统直接接触。

（3）所挂接地线应与带电设备保持足够的安全距离。

（4）必须试用合格的接地线，其截面应满足要求，且无断股。严禁将接地线缠绕在设备上或缠绕在接地体上。

（五）继电保护及自动装置的操作

倒闸操作时，继电保护及自动装置的使用原则是：

（1）设备不允许无保护运行，设备送电前，保护及自动装置应齐全，整定值应正确。

（2）倒闸操作中和设备停电后，如无特殊要求，一般不必操作保护，但若倒闸操作将影响某些保护的工作条件，可能引起误动作时，应将保护提前停用。

（3）继电保护及自动装置投入时，应先投交流电源，后投直流电源，投入直流电源时，应先投负极，停用时顺序相反，防止产生回路造成装置误动作。

第二节　线路开关倒闸操作

一、倒闸操作应遵循的顺序

（1）设备停电检修时倒闸操作的顺序：运行状态转为热备用，转为冷备用，转为检修。

（2）设备投入运行时倒闸操作的顺序：由检修转为冷备用，转为热备用，转为运行。

（3）停电操作时倒闸操作的顺序：先停用一次设备，后停用保护、自动装置；先断开该设备各侧断路器，然后拉开各断路器两侧隔离开关。

（4）送电操作时倒闸操作的顺序：先投入保护、自动装置，后投入一次设备；投入一次设备时，先合上该设备各断路器两侧隔离开关，最后合上该设备断路器。

（5）设备送电时倒闸操作的顺序：合隔离开关及断路器的顺序是从电源侧逐步送向负荷侧。

（6）设备停电时倒闸操作的顺序：与设备送电顺序相反。

二、高压断路器和隔离开关倒闸操作流程

由于高压隔离开关没有灭弧装置，不能带负荷拉合闸，因此倒闸操作时只能先合、后拉。具体操作顺序如下：如高压断路器和隔离开关串联使用，在停电操作时，应先拉断路器，后拉隔离开关；在送电操作时，应先合隔离开关，后合断路器。如高压断路器两侧均有隔离开关，在停电操作时，应先拉开断路器，然后拉开负荷侧隔离开关，最后拉开电源侧隔离开关；在送电操作时，应先合上电源侧隔离开关，再合上负荷侧隔离开关，最后合上断路器。

（一）高压断路器的操作

（1）远方操作时振动控制开关，不得用力过猛或操作过快，以免操作失灵。

（2）断路器合闸、送电或跳闸试送时，除操作和监护人员外，其他人员应尽量远离现场，避免因带事故合闸造成断路器的损坏而发生意外。

（3）拒绝跳闸的断路器不得投入运行。

（4）断路器分、合闸后，应立即检查有关信号和测量仪表的指示；同时应到现场检查其实际分、合位置。

（二）隔离开关的操作

（1）操作隔离开关时，先检查主闸刀和接地闸刀的机械联销是否正常可靠，电气控制电路和辅助开关、行程开关及电机是否正常。

（2）分、合闸隔离开关时，断路器必须在断开位置，并核对铭牌无误后，方可操作。

（3）隔离开关（除变压或避雷器闸刀），一般不得在带负荷情况下就地手动操作，绝对禁止擅自解锁强行合闸。

（4）隔离开关分、合后，应检查实际位置并销住，以免传动机构或控制回路有故障。合闸后，触头应接触良好；分闸后，张开的角度或拉开的距离应符合要求。

（5）停电操作时，当断路器先断开后，应先拉负荷侧隔离开关，后拉电源侧隔离开关，送电时的操作顺序则相反。

（6）在操作过程中，发现误合隔离开关时，不允许将误合的隔离开关再拉开；发现误拉隔离开关时，不允许将误拉的隔离开关再重新合上。

（三）验电的操作

电气设备接地前必须先进行验电。验电是一项很重要的工作，切不可疏忽大意。验电操作时，首先要态度认真，克服可有可无的麻痹思想，避免走过场或流于形式。其次要掌握正确的判断方法和要领。验电的方法及要求如下：

（1）高压验电时，操作人员必须戴绝缘手套，穿绝缘鞋。

（2）验电时，必须使用电压等级合格、试验合格的验电器。

（3）验电前，先在有电设备上检查验电器，应确证良好。

（4）在停电设备的各侧（如断路器的两侧、变压器的两侧等以及需要短路接地的部分，

分相进行验电）。

（四）挂接地线的操作方法

挂接地线要按照有关规程的规定进行操作，并注意防止带电挂接地线。挂接地线的操作方法及注意事项如下：

（1）挂接地线前必须验电，验明设备确无电压后，立即将停电设备接地并三相短路。操作时，先接接地线，后接导体端。

（2）挂接地线时，操作人员必须戴绝缘手套，以免感应电的伤害；同时应尽量使用有装有绝缘手柄的地线，以减少与一次系统直接接触的机会。

（3）所挂接地线应与带电设备保持足够的安全距离。

（4）必须使用合格的接地线，其截面应满足要求，且无断股。严禁将接地线缠绕在设备上或缠绕在接地体上。

（五）继电保护及自动装置的操作

倒闸操作时，继电保护及自动装置的使用原则如下：

（1）设备不允许无保护运行，设备送电前，保护及自动装置应齐全，整定值应正确。

（2）倒闸操作中和设备停电后，如无特殊要求，一般不必操作保护，但若倒闸操作将影响某些保护的工作条件，可能引起误动作时，应将保护提前停用。

（3）继电保护及自动装置投入时，应先投交流电源，后投直流电源，投入直流电源时，应先投负极；听用时顺序相反。以防止产生回路造成装置误动作。

三、线路旁路带线路的倒闸操作流程

线路的旁路带线路操作是一种较复杂的倒闸操作，因此要求操作人员在正确运用旁路操作一次设备操作的基础上，必须要搞清楚继电路保护二次回路等方面的改变、高频保护的投退、零序保护的投退、重合闸的投停等，否则可能导致误操作事故，直接威胁人身及设备的安全运行。

（一）专用旁路断路器由热备用转带线路运行的操作步骤

（1）按调度要求停用被带线路的高频保护。

（2）修改旁路断路器保护定值为被带线路保护定值。

（3）投入旁路断路器保护。

（4）将旁路断路器改至与所带线路相同母线热备用。

（5）合上旁路断路器（旁母充电）。

（6）拉开旁路断路器。

（7）停用旁路断路器及被带线路的相应零序保护（一般为零序电流Ⅲ、Ⅳ段）。若该段无独立压板，可一起解除经同一压板出口跳闸的保护。

（8）合上所代线路旁母隔离开关（空载充电旁路母线）。

（9）将旁路电压切换开关切至旁路断路器所在母线，若电压切换是自动切换，此项可省略。

（10）合上旁路断路器（并列）。

（11）检查旁路负载分配良好。

（12）投入旁路重合闸，停用被带线路的重合闸。

（13）拉开被代线路断路器。

（14）检查负荷转移良好。

（15）投入旁路相应零序保护压板。

（16）试验高频通道。

（17）按调度要求投入旁路高频保护压板。

（18）被带路断路器由热备用转为冷备用。

（二）专用旁路断路器带线路操作注意事项

（1）带线路操作前应将旁路保护定值改为被带线路保护定值。

（2）配有纵联保护，如高频保护、纵差保护等的线路代替旁路断路器操作前，应根据调度命令将线路各侧纵联保护停用，防止造成保护误动。

（3）旁路带线路后，根据调度命令将旁路断路器的纵联保护投入。

（4）线路恢复本身运行断路器后，再根据调度命令将纵联保护按照正常方式投入。

（5）由旁路断路器代出线断路器或旁路断路器恢复备用，在断路器并列过程中应停用各侧的高频保护。

（6）旁路断路器代路时切换出线断路器的高频距离保护。

（7）旁路母线所带线路原来在哪条母线运行，旁路断路器一般也应在该条母线运行。如果不对应，一般应先将旁路断路器冷倒向对应母线。

（8）旁路断路器带路前如旁路母线在充电状态，则应将旁路重合闸停用，拉开旁路断路器后即可进行带路操作。如果之前旁路母线不带电，则应先将旁路保护投入（重合闸停用），对旁路母线进行充电，检验母线的完好性。

（9）防止旁路断路器和所代断路器并列时非全相而引起零序电流整定值较小的保护误动。

（10）由旁路断路器代出线断路器或旁路断路器恢复备用时，在断路器并列前，应考虑解除该侧零序电流保护最末两段（一般为零序电流Ⅲ、Ⅳ段）的出口压板，若该段无独立压板，可一起解除经同一压板出口跳闸的保护，操作结束后立即投入。

（11）对于分相操动机构的断路器，应特别注意变电站应根据各自的接线及负载情况确定停用的段数。

（三）母联断路器兼作旁路断路器带线路操作

母联兼旁路断路器正常运行中做母联运行，需要旁路带线路时，退出母联运行，转做旁路断路器。由于接线复杂，又有倒母线操作，因此易发生误操作。而且这种接线方式只能由一条母线带负荷线路运行，此时如果工作母线故障，会造成该母线设备全停，降低供电可靠性。

母联兼旁路断路器在安排运行方式时，该断路器的功能应是单一的，要么作母联用，要么作旁路用。母联兼旁路断路器正常一般作母联运行，因此带线路时先要倒母线，把全部负荷倒至可带旁路运行的一组母线上，使其变为单母线带旁路运行，退出母联保护，解除其他保护跳母联的压板，投入旁路保护，倒完母线后再进行旁路代路操作。母联兼旁路断路器旁带结束，转回母联运行时，再投入其他保护跳母联（分段）的压板，停用带路运行的保护。

（1）将Ⅰ母线所有出线倒至Ⅱ母线，仅Ⅱ母线可代旁路母线。

（2）Ⅰ母线由运行转为热备用。

（3）母联兼旁路断路器由母联热备用转为旁路热备用。

（4）投入母联兼旁路断路器保护。

（5）按调度要求停用被带线路的高频保护。

（6）修改母联兼旁路断路器保护定值为被带线路保护定值。

（7）合上母联兼旁路断路器（旁母充电）。

（8）拉开母联兼旁路断路器。

（9）停用母联兼旁路断路器及被带线路的相应零序保护（一般为零序电流Ⅲ、Ⅳ段）。若该段无独立压板，可一起解除经同一压板出口跳闸的保护。

（10）合上所代线路旁母隔离开关（空载充电旁路母线）。

（11）投入220kV母差保护屏投母联带路压板。

（12）将旁路电压切换开关切至母联兼旁路断路器所在母线，若电压切换是自动切换，此项可省略。

（13）停用被带线路的重合闸。

（14）合上母联兼旁路断路器（并列）。

（15）检查旁路负载分配良好。

（16）拉开被代线路断路器。

（17）检查负荷转移良好。

（18）投入旁路相应零序保护压板。

（19）试验高频通道。

（20）按调度要求投入旁路高频保护压板。

（21）被带路断路器由热备用转为冷备用。

四、手车式进线开关和馈线开关倒闸操作流程

（一）10kV手车式进线开关倒闸操作流程（停电）

（1）操作断开真空断路器开关。

（2）查开关确在分闸位置（带电显示器显示无电）。

（3）将开关手车摇出至试验位置确认对位扣住。

（4）在开关柜操作孔处贴挂"禁止合闸，线路有人工作"标示牌。

（二）10kV手车式进线开关倒闸操作流程（送电）

（1）摘除开关柜操作孔处贴挂的"禁止合闸，线路有人工作"标示牌。

（2）将开关手车摇入至工作位置并确认到位。

（3）操作合上真空断路器开关。

（4）查开关确在合闸位置（带电显示器显示有电）。注：开关本体检修时须拔下小车二次插头，接地刀闸操作时须确认前后柜门已关好。

（三）10kV手车式馈线开关倒闸操作流程（停电）

（1）操作断开真空断路器开关。

（2）查开关确在分闸位置（带电显示器显示无电）。

（3）将开关手车摇出至试验位置确认对位扣住。

（4）合上接地开关。

（5）在开关柜操作孔处贴挂："禁止合闸，线路有人工作"标示牌。

（四）10kV手车式馈线开关倒闸操作流程（送电）

（1）摘除开关柜操作孔处贴挂的："禁止合闸，线路有人工作"标示牌。

（2）确认手车开关确在试验位置，各种指示无异常。

（3）拉开接地开关；将开关手车摇入至工作位置并确认到位。

（4）操作合上真空断路器开关（带电显示器显示有电）。注：开关本体检修时须拔下小车二次插头，接地开关操作时须确认前后柜门已关好。

第三节 环网柜倒闸操作

一、环网柜倒闸操作安全规范

1. 工作内容

（1）各岗位职责。

1）班长：严格按照10kV环网柜安全操作规程维修操作，对操作规程不合理项进行修改。

2）操作工：严格按照10kV环网柜安全操作规程维修操作，对操作规程不合理项提出建议。

（2）上岗要求：

1）高中以上学历。

2）电气维修人员必须经专门的安全作业培训，取得相应特殊作业证［特种作业操作证（高压电工）］。

3）电气作业人员应无妨碍正常工作的生理缺陷及疾病。

4）应具备与其作业活动相适应的用电安全、触电救援等专业技术知识及实践经验。

5）能严格遵守公司各项管理规则制度，有高尚的职业道德和严格的工作纪律。

2. 风险辨识

（1）主要危险源：

1）安全防护措施不到位，造成人员触电伤害。

2）倒闸时操作不当，导致机械伤害。

3）误操作导致机械伤害/触电伤害。

4）操动机构、防护装置故障，造成设备损害。

5）电气短路引发火灾及爆炸。

（2）防范措施：

1）10kV 环网柜运行操作前必须检查开关是否已断电，接地开关是否已合上。

2）开关未停电、接地开关未合上，严禁环网柜运行操作。

3）在给变压器送电前，应先检查变压器输出总负荷开关处于断开状态。

4）在停运变压器前，应先断开变压器的输出总负荷开关。

5）严禁操作存在故障的开关或闸刀。

6）做好安全防护。

3. 劳动防护用品佩戴

维修时穿绝缘鞋，戴安全帽，铺设绝缘垫，使用绝缘工具。

4. 安全操作作业要求

（1）操作前准备：

1）检查安全锁具、安全警示牌是否齐全。

2）检查操作环网柜工具是否齐全，绝缘毯是否到位。

3）确认开关是否停电，接地开关是否合上。

4）填好操作票、工作票等。

5）做好安全防护。

（2）作业时的要求：

1）高压环网开关柜操作应至少两人到场，其中一人负责操作，另外一人现场监护。

2）操作者应戴绝缘手套，穿绝缘鞋，操作时站在绝缘垫上。

3）在给变压器送电前，应先检查变压器输出总负荷开关处于断开状态。

4）打开接地开关，取下"禁止合闸"警示牌。

5）逆时针操作，拉开接地开关。

6）检查接地指示在断开位置。

7）锁上接地开关。

8）打开负荷开关。

9）顺时针操作将开关合上。

10）检查三个指示灯在点亮状态。

11）锁上负荷开关。

12）在停运变压器前，应先断开变压器的输出总负荷开关。

13）检查三个指示灯在点亮状态。

14）打开负荷开关。

15）用手按红色停止按钮"OFF"，听到开关动作声为止。

16）检查三个指示灯应无闪烁呈白色。

17）锁上负荷开关。

18）打开接地开关。

19）顺时针操作合上接地开关。

20）锁上接地开关。

（3）作业后的要求：

1）检查接地指示在接地状态，挂上"禁止合闸"警示牌。

2）所用高压工具、绝缘工具、安全用具放回原位。

（4）日常检查、维护保养：检查环网柜有无异响，开关位置、压力等。

5. 应急异常处理

（1）发现异常要及时向主管领导汇报。

（2）发现设备存在缺陷，应做好相关记录，并及时更换。

（3）遇触电伤害，根据现场情况采取救治措施（断开电源、畅通气道、人工呼吸等），直至医务人员接手为止。

（4）遇机械伤害，现场自救（止血）后送医院救治。

二、环网柜倒闸操作票的填写

1. 操作票填写规范

（1）操作任务：一份倒闸操作票只能填写一个操作任务。一个操作任务是指根据同一操作目的而进行的一系列相互关联、依次连续进行电气操作过程。明确设备由一种状态转为另一种状态，或者系统由一种运行方式转为另一种运行方式。在操作任务中应写明设备电压等级和设备双重名称，如"10kV 新齐 260 线 38# 开关由运行转为开关检修"。

（2）由值班负责人（工作负责人）指派有权操作的值班员填写操作票。操作票按照操作任务进行边操作边打红色"√"，操作完毕在编号上方加盖"已执行"印章。

（3）编号：变电所倒闸操作票的编号由各供电单位统一编号，每年从 1 开始编号，使用时应按编号顺序依次使用，编号不能随意改动，不得出现空号、跳号、重号、错号，例如：2021－0001。

（4）发令单位：填写发令的单位（公司调度、地方调度）。

（5）受令人：填写具备资格的当班值班（工作）负责人姓名。

（6）发令单位、发令人、受令人、操作任务、值班负责人、监护人、操作人、票面所涉时间填写要求：必须手工填写，每字后面连续填写，不准留有空格，不得电脑打印，不得他人代签。有多页操作票时，其中操作任务、发令单位、发令人、受令人、受令时间、操作开始时间、操作结束时间，只在第一页填写；值班负责人、监护人、操作人每页均分别手工签名，且操作结束每张均应加盖"已执行"印章。

（7）受令时间：填写调度下达指令的具体时间，年用 4 位阿拉伯数字表示，月、日用 2 位阿拉伯数字表示，时、分，用 24 小时表示，不足 2 位的在前面添"0"补足。

（8）操作开始时间：填写操作开始的时间，年、月、日、时、分填写同第 7 项。

（9）操作结束时间：完成最后一项操作项目的时间，年、月、日、时、分填写同第 7 项。

（10）模拟操作打"√"：打在操作票 "顺序"所在列正中间，用蓝笔打"√"，每模拟、检查、审核一项正确无误时才能打上"√"，再进行下一项的模拟、检查、审核。

（11）操作打"√"：打在操作票有"√"栏所在列正中间，用红笔打"√"，由监护人完成。每操作一项完毕，检查操作质量合格后才能打上"√"，再进行下一步的操作。

（12）备注：当在操作中存在什么问题，或停止操作的原因，或重合闸未投或重合闸按调令要求不投，或该开关重合闸未装、停用等做具体说明。

（13）操作人：填写执行操作的人的姓名。

（14）监护人：填写执行操作时监护的人的姓名。

（15）值班负责人：填写当班值班长姓名，监护人及值班负责人可为同一人。

（16）若一页操作票不能满足填写一个操作任务的操作项目时，在第一页操作票最后留一空白行，填写"转下页"，下一页操作票第一行填写"承上页*******号操作票"字样，并居中填写。

（17）在执行倒闸操作中如果操作了一项或多项时，因故停止操作时，应在未操作的所有项目"√"栏对应填写"此项未执行"。在备注栏注明未执行的原因，该票按已执行票处理。重新恢复操作时重新填写操作票，不得用原操作票进行操作。如调度特别要求，事故处理结束，按原操作票继续操作，但在备注栏内必须注明。

（18）操作票执行完毕后在编号上方加盖"已执行"红色印章；操作项目下一空白行正中间加盖"以下空白"红色印章，"以下空白"章上线与空白行上线重叠，不得盖斜。如操作项目填到最末一行，下面无空格时，不盖"以下空白"章。

作废的操作票在编号正对上面方框内加盖"作废"紫红色印章，并在备注栏注明作废原因。

2. 操作票填写的一般规定

（1）操作票的重要文字（调度编号及名称、拉开、合上或运行、停用、备用等动词及设备状态）不得涂改。

（2）操作票次要文字可以更改三处，更改方法为在写错的字面上划横线然后连接书写，不要涂改。

（3）不得使用"同上""同左"等。

（4）操作票应填写设备的双重编号，即设备名称和编号。所填写操作项目的设备双重名称必须与现场设备标示牌一致。

3. 操作票使用的操作术语

操作票使用的操作术语如表 2-1 所示。

表 2-1　　　　　　　　　　　操作票使用的操作术语

序号	设备名称	操作术语
1	断路器（开关）	合上-拉开
2	隔离开关（刀闸）	合上-拉开
3	接地开关	合上-拉开
4	开关手车	操作至
5	接地线	装设-拆除
6	绝缘罩（绝缘挡板）	装设-拆除
7	重合闸	投入-停用
8	继电保护	投入-停用
9	连接片	投入-退出
10	开关二次插头	插入-取下
11	临时标示牌	悬挂-取下
12	熔断器	投入-取下
13	空气开关	合上-拉开

4. 设备运行状态说明

（1）开关、刀闸式高压柜运行状态说明如表 2-2 所示。

表 2-2　　　　　　　　　开关、刀闸式高压柜运行状态说明

设备＼状态	运行	热备用	冷备用	检修	电压互感器（避雷器） 运行	备用	检修
开关	合闸	分闸	分闸	分闸			
刀闸	合上	合上	拉开	拉开	合上	拉开	拉开
合闸熔断器	投入	投入	取下	取下			
合闸电源空气开关	合上	合上	断开	断开			
控制电源空气开关	合上	合上	合上	断开			
控制电源熔断器	投入	投入	投入	取下			
安全措施	无	无	无	按要求	无	无	按要求
二次空气开关					合上	断开	断开
计量熔断器					投入	取下	取下
同期熔断器					投入	取下	取下

（2）手车式开关。手车式开关有三种位置，即：

1）工作位置：开关小车的上下触头均插入开关柜体内的静触头，并接触良好。

2）试验位置：开关小车的上下触头已离开开关柜体内的静触头一定距离，并在轨道规定位置进行闭锁，未拉出柜外。控制、储能电源未断开，插件未取下。

3）检修位置：开关小车已拉出柜外，控制、储能电源已断开，插件已取下。

手车式开关运行状态如表2-3所示。

表2-3 手车式开关运行状态

运行状态	开关及开关小车位置
开关运行状态	开关在合闸位置，开关小车在工作位置
开关热备用状态	开关在分闸位置，开关小车在工作位置
开关冷备用状态	开关在分闸位置，开关小车在试验位置
开关检修状态	开关在分闸位置，开关小车在检修位置
线路检修状态	开关在分闸位置，开关小车在试验位置，线路侧地刀合入
开关及线路检修状态	开关在分闸位置，开关小车在检修位置，线路侧地刀合入

5. 操作任务填写样本

（1）××kV××线××开关由运行转冷备用。

（2）××kV××线路由运行转检修（仅适用于线路检修）。

（3）××kV××线路由检修转运行（仅适用于线路检修）。

（4）××kV××线××开关由冷备用转运行。

（5）××kV××线××开关由运行转开关及线路检修。

（6）××kV××线××开关由开关及线路检修转运行。

（7）××kV××线××开关由运行转检修（仅适用于开关检修）。

（8）××kV××线××开关由检修转运行（仅适用于开关检修）。

（9）×号主变压器由运行转检修（仅适用于主变压器检修）。

（10）×号主变压器由检修转运行（仅适用于主变压器检修）。

（11）×号主变压器由运行转主变压器及××kV侧××开关检修。

（12）×号主变压器由主变压器及××kV侧××开关检修转运行。

（13）×号主变压器由运行转主变压器及××kV侧××开关、××kV侧××开关检修。

（14）×号主变压器由主变压器及××kV侧××开关、××kV侧××开关检修转运行。

（15）×号主变压器由运行转主变压器及两侧开关检修（此操作任务不适用于内桥接线）。

（16）×号主变压器由主变压器及两侧开关检修转运行（此操作任务不适用于内桥接线）。

（17）×号主变压器××kV侧××开关由运行转检修。

（18）×号主变压器××kV侧××开关由检修转运行。

（19）××kV×组（段）母线电压互感器（避雷器）由运行转备用（检修）。

（20）××kV×组（段）母线电压互感器（避雷器）由备用（检修）转运行。

（21）××kV×段旁路××开关代××kV××线××开关运行，××kV××线××开关由运行转冷备用（检修）。

（22）××kV××线××开关由冷备用（检修）转运行，××kV×段旁路××开关由运行转热备用。

（23）××kV×段旁路××开关由热备用转开关及旁路母线检修。

（24）××kV×段旁路××开关由开关及旁路母线检修转热备用。

（25）××kV×组电容器××开关由运行转电容器（电抗器）检修。

（26）××kV×组电容器××开关由电容器（电抗器）检修转运行。

（27）只进行本间隔设备的安全措施（接地刀闸或接地线）的调整或增设，且不进行设备状态转换时，操作任务可直接填写操作目的但必须有调度下操作令。

1）××kV××线××（设备名称）靠（设备名称）侧装设接地线。

2）合上××kV××线××接地刀闸。

3）拆除××kV××线××（设备名称）靠（设备名称）侧接地线。

4）拉开××kV××线××接地刀闸。

注：拉开（合上）接地刀闸、装设（拆除）接地线不填写操作票，是指全所唯一的一组接地线或接地刀闸。

第四节 倒闸操作注意事项

一、开关设备倒闸操作注意事项

（一）柱上断路器的操作

操作柱上断路器至少应由两人进行，应使用与线路额定电压相符，并经试验合格的绝缘棒，操作人员应戴绝缘手套。雨天操作时，为满足绝缘要求，应使用带有防雨罩的绝缘棒。登杆前，应根据操作票上的操作任务，核对线路双重编号、线路名称。

停电操作时，先拉开断路器，确认断路器在断开位置后，再拉开隔离开关，确认隔离开关在断开位置。送电时先合上隔离开关（双侧装有隔离开关时先合电源侧，后合负荷侧），确认隔离开关在合闸位置后，再合上断路器，确认断路器在合闸位置。

（二）负荷开关的操作

操作柱上负荷开关至少应由两人进行，应使用与线路额定电压相符，并经试验合格的绝缘棒，操作人员应戴绝缘手套。雨天操作时，为满足绝缘要求，应使用带有防雨罩的绝缘棒。登杆前，应根据操作票上的操作任务，核对线路双重编号、线路名称。

停电操作时，先拉开负荷开关，确认负荷开关在断开位置后，再拉开熔断器。送电时先合上熔断器，确认确已合好后，再合上负荷开关，确认负荷开关在合闸位置。

（三）隔离开关的操作

操作隔离开关至少应由两人进行，应使用与线路额定电压相符，并经试验合格的绝缘棒，操作人员应戴绝缘手套。雨天操作时，为满足绝缘要求，应使用带有防雨罩的绝缘棒。登杆前，应根据操作票上的操作任务，核对线路双重编号、线路名称。

隔离开关不管是合闸还是分闸，严禁在带负荷的情况下进行操作。操作前必须检查与之串联的断路器，并确认在断开位置。如果发生了带负荷分或合隔离开关的误操作，操作人员应冷静，避免发生另一种反方向的误操作，即：已发生带负荷误合闸后，不得再立即拉开；当发现带负荷分闸时，若已拉开，不得再合（若刚拉开，即发觉有火花产生时，可立即合上）。

（四）跌落式熔断器的操作

拉、合跌落式熔断器时，应使用与线路额定电压相符，并经试验合格的绝缘棒，操作人员应戴绝缘手套。雨天操作时，为满足绝缘要求，应使用带有防雨罩的绝缘棒。登杆前，应根据操作票上的操作任务，核对线路双重编号、线路名称。

带负荷拉、合跌落式熔断器时会产生电弧，负荷电流越大电弧也越大，所以操作跌落式熔断器只能在设备、线路空载或较小的负载情况下进行。拉、合跌落式熔断器应迅速果断，但用力不能过猛，以免损坏跌落式熔断器。跌落式熔断器停、送电操作应逐相进行。停电操作时的顺序为先拉中相，再拉下风侧相，最后拉上风侧相，送电操作时的顺序相反。这是因为在拉、合第二相熔断器时弧光最大，按这样的顺序拉、合能有效避免弧光短路。

二、倒闸操作需要注意的问题

（一）提升操作方和监护方之间的配合

针对电气倒闸操作来说，相关技术人员具体操作期间或者管理过程中，一定要全面考虑设备运行规则以及行业规范等方面的要求，同时要具备较为丰富的操作经验。倒闸操作比较关键，技术人员具体操作时要求有监护人员与之密切配合，要求两者之间能够达到高度配合，全方位细致化地做出提醒和监督。尤其是对于现场监护人员，必须要考虑自身在言辞上的影响，以防止主动性丧失而带来的危害，不然可能会出现脱离现场实际的情况。

（二）预防误动作

针对企业或者监管机构来说，防止操作不当是共同目标，也是现场技术人员的职责。进行具体的现场操作过程中，若出现疏忽怠慢现象，很容易导致电气设备受损，甚至会对相关工作人员安全带来威胁。因此，需要进一步加强企业和相关机关的监管力度，确保人防、机防的综合管理，同时还要及时避免误动作，对技术人员进行培训，以免出现二次失误。

（三）严格执行《电力安全工程规程》（GB 26860—2011）

（1）操作前后都应检查核对现场设备名称、编号和断路器、隔离开关的断、合位置。

电气设备操作后的位置检查应以设备实际位置为准，无法看到实际位置时，可通过设备机械指示位置、电气指示、仪表及各种遥测、遥信信号的变化，且至少应有两个及以上的指示同时发生对应变化，才能确认该设备已操作到位。

倒闸操作应由两人进行，一人操作，另一人监护，并认真执行唱票、复诵制。发布指令和复诵指令都要严肃认真，使用规范术语，准确清晰，按操作顺序逐项操作，每操作完一项，应检查无误后，在操作票的对应栏内做一个"√"记号。操作中产生疑问时，不准擅自更改操作票，应向操作发令人询问清楚无误后再进行操作。操作完毕，受令人应立即汇报发令人。

（2）操作机械传动的断路器或隔离开关时应戴绝缘手套。没有机械传动的断路器、隔离开关和跌落式熔断器，应使用合格的绝缘棒进行操作。雨天操作应使用有防雨罩的绝缘棒，并戴绝缘手套。

（3）操作柱上断路器时，应有防止断路器爆炸时伤人的措施。

（4）更换配电变压器跌落式熔断器熔丝的工作，应先将低压隔离开关和高压隔离开关或跌落式熔断器拉开。摘挂跌落式熔断器的熔管时，应使用绝缘棒，并应有专人监护，其他人员不得触及设备。

（5）雷电时，严禁进行倒闸操作和更换熔丝工作。

（6）如发生严重危及人身安全情况时，可不等待指令即行断开电源，但事后应立即报告调度或设备运行管理单位。

三、倒闸操作危险点预控及安全注意事项

（1）操作柱上断路器、隔离开关通用危险点预控及安全注意事项如表 2-4 所示。

表 2-4　　　　　操作柱上断路器、隔离开关通用危险点预控及安全注意事项

触电	（1）操作机械传动的断路器或隔离开关时应戴绝缘手套，操作没有机械传动的断路器或隔离开关，应使用相同电压等级且试验合格的绝缘棒，雨天操作应使用有防雨罩的绝缘棒。 （2）雷电时严禁进行断路器、隔离开关的倒闸操作。 （3）登杆操作时，操作人员严禁穿越和碰触低压线路。 （4）杆上同时有隔离开关和断路器时，应先拉断路器再拉隔离开关，送电时与此相反。 （5）送电前，必须确定挂在线路上的接地线已全部撤除。 （6）负荷开关主触头不同期时，严禁进行倒闸操作
高处坠落	（1）操作时操作人和监护人应戴好安全帽，登杆操作应系好安全带。 （2）登杆前检查杆根、登杆工具有无问题，冬季应采取防滑措施
其他	（1）倒闸操作要执行操作票制度（事故处理除外），严禁无票操作。 （2）倒闸操作应由两人进行，一人操作、另一人监护。 （3）操作前根据操作票认真核对所操作设备的名称、编号和实际状态。 （4）操作时严格按操作票执行，禁止跳项、漏项。 （5）一般操作油断路器，应在地面安全距离外进行操作，杆上操作时操作人员应站在断路器的背侧，防止断路器爆炸伤人。 （6）操作 SF$_6$ 断路器前先查看断路器气压表（≥0.2MPa），压力是否在允许操作范围内。 （7）操作人员操作时，尽量避免站在断路器正下方

（2）操作跌落式熔断器的危险点预控及安全注意事项如表 2-5 所示。

表 2-5　　　　　操作跌落式熔断器的危险点预控及安全注意事项

弧光短路、灼伤	（1）必须由两人进行，一人操作、另一人监护。 （2）操作人员应戴护目镜，使用合格的绝缘操作棒。 （3）拉合配电变压器跌落式熔断器时，先断开配电变压器低压侧负荷；拉合分支跌落式熔断器时，应将支线上所有负荷断开。 （4）操作人员应站在跌落式熔断器的背侧
触电	（1）操作人员应与同杆架设的低压导线和跌落式熔断器下引线保持足够的安全距离。 （2）使用同电压等级且试验合格的绝缘棒，雨天操作应使用有防雨罩的绝缘杆。 （3）雷电时严禁进行跌落式熔断器的倒闸操作
高处坠落	（1）倒闸操作要执行操作票制度（事故处理除外），严禁无票操作。 （2）倒闸操作应由两人进行，一人操作、一人监护。 （3）操作前根据操作票认真核对所操作设备的名称、编号和实际状态。 （4）操作时严格按操作票执行，禁止跳项、漏项
其他	（1）倒闸操作要执行操作票制度（事故处理除外），严禁无票操作。 （2）倒闸操作应由两人进行，一人操作、一人监护。 （3）操作前根据操作票认真核对所操作设备的名称、编号和实际状态。 （4）操作时严格按操作票执行，禁止跳项、漏项

（3）柱上断路器操作危险点预控及安全注意事项如表 2-6 所示。

表 2-6　　　　　柱上断路器操作危险点预控及安全注意事项

人员安排	工作前，要确认工作人员状态良好，技能适合本次工作要求
高空坠落	（1）登杆前，应先检查脚扣、安全带等登高工具完整、牢靠。禁止携带器材登杆或在杆上移位。 （2）上下杆及作业时，不得失去安全带保护；安全带应系挂在牢固的构件上，不得低挂高用，移位时围杆带和后备保护绳交替使用
高空坠物	（1）杆塔上作业人员使用的工器具、材料等应装在工具袋内。 （2）在工作现场应设围栏，工器具用绳索传递，绑牢绳扣，传递人员离开重物下方，杆塔下方禁止人员逗留
电弧伤人	（1）严格遵守操作规程，按操作票顺序操作，不得跳项操作。 （2）工作人员在工作时，要戴护目镜，穿长袖全棉工作服
人身触电	（1）杆上工作人员与相邻 10kV 带电体的安全距离不小于 0.7m，严禁作业人员穿越未经验电、接地的带电导线。 （2）操作前要确认绝缘工具合格。 （3）雨天操作应穿绝缘靴，戴绝缘手套，并使用防雨操作杆，严禁雷雨天操作
误拉（合）断路器	（1）倒闸操作应使用倒闸操作票。倒闸操作前，应按操作票顺序在模拟图或接线图上预演，核对无误后执行。 （2）倒闸操作应由两人进行，一人操作、一人监护，并认真执行唱票、复诵制

（4）架空配电线路手拉手电网停电操作危险点预控及安全注意事项如表 2-7 所示。

表 2－7   架空配电线路手拉手电网停电操作危险点预控及安全注意事项

人员安排	工作前，要确认工作人员状态良好，技能适合本次工作要求
高空坠落	（1）登杆前，应先检查脚扣、安全带等登高工具完整、牢靠。禁止携带器材登杆或在杆上移位。 （2）上下杆及作业时，不得失去安全带保护；安全带应系挂在牢固的构件上，不得低挂高用，移位时围杆带和后备保护绳交替使用
高空坠物	（1）杆塔上作业人员使用的工器具、材料等应装在工具袋内。 （2）在工作现场应设围栏，工器具用绳索传递，绑牢绳扣，传递人员离开重物下方，杆塔下方禁止人员逗留
电弧伤人	（1）严格遵守操作规程，按操作票顺序操作，不得跳项操作。 （2）工作人员在工作时，要戴护目镜，穿长袖全棉工作服
人身触电	（1）杆上工作人员与相邻 10kV 带电体的安全距离不小于 0.7m，严禁作业人员穿越未经验电、接地的带电导线。 （2）操作前要确认绝缘工具合格。 （3）雨天操作应穿绝缘靴，戴绝缘手套，并使用防雨操作杆，严禁雷雨天操作
误拉（合）断路器	（1）倒闸操作应使用倒闸操作票。倒闸操作前，应按操作票顺序在模拟图或接线图上预演，核对无误后执行。 （2）倒闸操作应由两人进行，一人操作、一人监护，并认真执行唱票、复诵制
操作顺序	按照发令人的命令顺序，先合环，再断开工作地段两端的断路器（如果条件不明，必须先断开工作地段两端的断路器，然后再根据"手拉手"情况，恢复工作地段以外的负荷供电）

第三章

业 扩 报 装

第一节 业扩报装全业务流程

一、业务扩充的定义

业务扩充（即业扩或业扩报装），是电网公司营业工作中的习惯用语，即为新装和增容客户办理各种必须的登记手续和一些业务手续。业务扩充是供电企业电力供应和销售的受理环节，是电力营销工作的开始。

二、业扩的工作流程定义

业扩流程是指供电企业受理新装或增容等业扩报装工作的内部传递程序，流程的具体运转是由供电企业营业窗口，即供电营业厅"一口对外"完成的。低压业扩范围是指用电电压等级在 1kV 以下的客户新装工作。低压业扩工作涉及面广，工作量较大，供电所要严格按承诺时间做好流程中各环节工作，为客户提供优质服务，低压电力客户新装工作流程如图 3-1 所示。

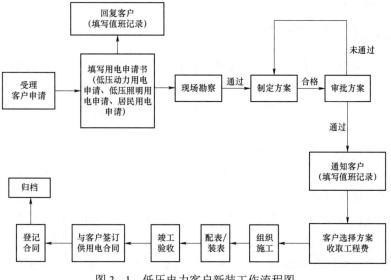

图 3-1　低压电力客户新装工作流程图

三、业扩的主要内容

（1）受理客户新装、增容和增设电源的用电业务申请。

（2）根据客户和电网的情况（通过现场查），制订供电方案。

（3）组织因业扩引起的供电设施新建、扩建工程的设计施工、验收、启动。

（4）对客户内部受电工程进行设计审查、中间检查和工验收。

（5）签订供用电合同。

（6）装表接电。

（7）汇集整理有关资料并建档立户。

四、低压业扩的办理

（一）新装用电

供电所的业扩工作主要是低压新装，低压新装也是供电所增供扩销的一个重要途径。新装用电指要求用电的申请者就所需用电容量，申请与供电企业建立长期的供用电关系。

（二）增加用电

增加用电容量指原有用户由于原协议约定的用电容量或注册容量不能满足用电需要，申请在原约定用电容量的基础上增加新的用电容量。

五、用电申请书

用电申请书一般分为居民用电申请书和低压用电申请书两种。

用电申请书是供电企业制订供电方案的重要依据，客户应如实填写，包括用电地点、用电性质、用电设备清单、用电负荷（负荷特性）、保安电源、用电规划工艺流程、用电区域平面图，以及对供电的特殊要求等。

六、低压用户的供电方案确定

供电方案主要是解决供多少、如何供的问题，供电方案的正确与否将影响电网的结构与运行是否合理、灵活，用电的供电可靠性是否得到满足等。因此，正确的供电方案是确保安全、稳定、经济、合理供电和用电的重要环节，也为正确执行电价分类、正确安装电能计量装置、合理收费等工作创造必要的条件。

低压客户采用低压供电方式，即以 0.4kV 及以下电压实施的供电。低压供电方式分为单相和三相两类。单相低压供电方式主要适用于照明和单相小动力，单相低压供电方式的最大容量应以不引起供电质量变差为准则，当造成的影响超过标准时，需改用三相低压供电方式。三相低压供电方式主要适用于三相小容量客户。《供电营业规则》规定，客户用电设备容量在 100kW 及以下或需要变压器容量在 50kVA 以下的，可采用三相低压供电。

一般地，确定低压客户供电方案应考虑的问题包括：① 本身线路的负荷；② 本站变压器的负荷；③ 负荷自然增长因素；④ 冲击负荷、谐波负荷、不对称负荷的影响。

确定供电电源和进户线时应注意的问题包括：① 进户点应尽可能接近供电线路处；② 容量较大的客户应尽量接近负荷中心处；③ 进户点应错开漏雨水的水沟、墙内烟道，并应与煤气管道、暖气管道保持一定距离；④ 一般应在墙外地面上看到进户点，便于检查、维修；⑤ 进户点的墙面应坚固，能牢固安装进户线支持物。

（一）现场勘察

必须经过现场勘察以后才能确定供电方案，注意客户的用电地点、用电设备容量、供电电压、客户用电性质和执行电价类别，供电区域内电网结构、用电的可行性和安全性、电能计量方式和计量装置的安装地点、客户提供资料的真实性、有无影响系统电能质量的设备等。

（二）确定供电方案

1. 确定供电方案的基本原则

（1）应能满足供用电安全、可靠、经济、运行灵活、管理方便的要求，并留有发展余度。

（2）符合电网建设、改造和发展规划的要求，满足客户近期、远期对电力的需求，具有最佳的综合经济效益。

（3）具有满足客户需求的供电可靠性及合格的电能质量。

（4）符合相关国家标准、电力行业技术标准和规程及技术装备先进要求，并应对多种供电方案进行技术经济比较，确定最佳方案。

2. 确定供电方案的基本要求

（1）根据客户的用电容量、用电性质、用电时间，以及用电负荷的重要程度，确定高压供电、低压供电、临时供电等供电方式。

（2）根据用电负荷的重要程度确定多电源供电方式，提出保安电源、自备应急电源、非电性质的应急措施的配置要求。

（3）客户的自备应急电源、非电性质的应急措施、谐波治理措施应与供用电工程同步设计、同步建设、同步投运、同步管理。

3. 确定低压供电方案的依据

低压新装根据客户的用电申请要求、性质以及现场勘察的信息确定供电方案。

4. 供电方案所要明确的内容

供电方案要确定客户的供电容量、供电电压、供电方式、电能计量方式、供电电源点、供电线路路径、客户用电性质及执行电价类别等。

5. 供电所答复客户供电方案的时限

供电所答复客户供电方案的时限要遵守供电服务承诺的约定，根据国家电网公司公布的供电服务"十项承诺"的规定，供电方案答复期限为居民客户不超过 3 个工作日，低压电力客户不超过 7 个工作日，高压单电源客户不超过 15 个工作日，高压双电源客户不超过 30 个工作日。

（三）供电方案的有效期

《供电营业规则》第二十一条规定：供电方案的有效期是指从供电方案正式通知书发

出之日起至受电工程开工日为止。高压供电方案的有效期为 1 年，低压供电方案的有效期为 3 个月，逾期注销。客户遇有特殊情况，需延长供电方案有效期的，应在供电方案有效期到期前 10 天向供电企业提出申请，供电企业应视情况予以办理延长手续，但延长时间不得超过上述规定期限。

（四）供用电合同签订

供用电合同应当具备以下条款：

（1）供电方式供电质量、供电时间。

（2）用电容量、用电地址、用电性质。

（3）计量方式和电价，电费结算方式。

（4）供用电设施维护责任的划分。

（5）合同有效期限。

（6）违约责任。

（7）双方共同认为应当约定的其他条款。

（五）装表接电

装表接电是供电企业将申请用电者的受电装置接入供电网的行为，接电后，客户合上自己的开关即可开始用电。这是业务扩充工作中最后一个环节，一般安装电能计量装置与接电同时进行。

七、低压用户变更用电的内容

变更用电是电力营业部门日常性工作，具有项目多、范围广、服务性强及政策性强的特点，它的主要对象是已用电的各类正式用电客户。

（一）变更用电

变更用电业务指客户在不增加用电容量和供电回路的情况下，由于自身经营、生产、建设、生活等变化而向供电企业申请，要求改变原《供用电合同》中约定的用电事宜的业务。

（二）变更用电业务的内容

（1）减少合同约定的用电容量（简称减容）。

（2）暂时停止全部或部分受电设备的用电（简称暂停）。

（3）临时更换大容量变压器（简称暂换）。

（4）迁移受电装置用电地址（简称迁址）。

（5）移动受电计量装置安装位置（简称移表）。

（6）暂时停止用电并拆表（简称暂拆）。

（7）改变客户的名称（简称更名或过户）。

（8）一户分列为两户及以上的客户（简称分户）。

（9）两户及以上客户合并为一户（简称并户）。

（10）合同到期终止用电（简称销户）。

（11）改变供电电压等级（简称改压）。

（12）改变用电类别（简称改类）。

（三）变更用电的注意事项

（1）客户需要变更用电时，应事先提出申请，并携带有关证明文件及原供用电合同，到供电企业用电营业厅办理手续，变更供用电合同。

（2）凡不办理手续而私自变更的，均属于违约行为，应按违约用电有关规定处理。

（3）供电企业不受理临时用电客户的变更用电事宜，临时用电客户不再办理变更用电的范围。

（4）从破产用电客户分离出的新户，必须在还清原破产用电客户电费和其他债务后，方可办理用电手续，否则供电企业可按违约用电处理。

（四）变更用电业务的办理

1．变更用电工作流程

供电所根据客户变更需求，在业务办理权限范围内，开展低压变更用电业务。低压变更用电工作流程如图 3-2 所示，该流程分为七个基本环节，分别为受理客户需求、现场勘察、制订方案、审批，如果通过审批，则进入实施、验收、重新签订供用电合同（解除合同），如果未通过审批，则通知客户并填写值班记录。

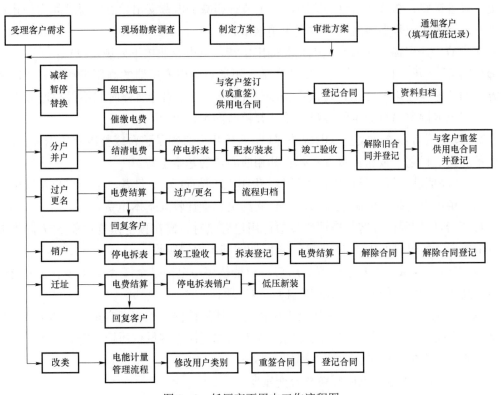

图 3-2　低压变更用电工作流程图

2. 办理变更用电的规定

（1）减容。客户申请减容，须在 5 天前向供电企业提出申请，供电企业应按下列规定办理：

1）减容必须是整台或整组变压器的停止或更换小容量变压器用电，供电企业在受理之后，根据客户申请减容的日期对设备进行加封。从加封之日起，按原计费方式减收其相应容量的基本电费，但用户申明为永久性减容或从加封之日起期满 2 年又不办理恢复用电手续的，其减容后容量已达不到实施两部制电价规定容量标准时，应改为单一制电价计费。

2）减少用电容量的期限，应根据客户所提出的申请确定，但最短期限不少于 6 个月，最长期限不超过 2 年。

3）在减容期限内，供电企业保留客户减少容量的使用权，过减容期限恢复用电时，应按新装或增容手续办理。

4）减容期限内要求恢复用电时，应提前 5 天向供电企业办理恢复用电手续，基本电费从启封之日起计收。

5）减容期满后的客户以及新装、增容客户，2 年内不得申办减容或暂停，如确需继续办理减容或暂停的，则减容或暂停部分容量的基本电费应按 50%计算收取。

（2）暂停。暂停是指客户在正式用电以后，由于生产、经营情况发生变化，需要临时变更、设备检修、季节性用电等原因，为了节省和减少电费支出，需要短时间内停止使用一部分或全部用电设备容量的一种变更用电事宜。

客户暂停，需提前 5 天向供电企业提出申请，供电企业按下列规定办理：

1）客户在每一日历年内，可申请全部（不通过受电变压器的高压电动机）或部分用电容量的暂时停止用电 2 次，每次不得少于 15 天，一年累计暂停时间不得超过 6 个月，季节性用电或国家另有规定的客户，累计暂停时间可以另议。

2）按变压器容量计收基本电费的客户，暂停用电必须是整台或整组变压器停止运行，从设备加封之日起，按原计费方式减收其相应容量的基本电费。

3）暂停期满或每一日历年内累计暂停用电时间超过 6 个月者，不论客户是否申请恢复用电，供电企业须从期满之日起，按合同约定容量计收其基本电费。

4）在暂停期限内，客户申请恢复暂停用电容量时，需在预定恢复日前 5 天向供电企业提出申请，暂停时间少于 15 天者，暂停期间基本电费照收。

5）按最大需量计收基本电费的用户，申请暂停用电须是全部容量（含不通过受电变压器的高压电动机）的暂停，并遵守 1）～4）项。

（3）暂换。客户运行中的变压器发生故障或计划检修，无相同容量变压器可替换时，需要临时更换大容量变压器代替运行的，称为临时更换大容量变压器，简称暂换。

客户申请暂换，供电企业按下列规定办理：

1）必须在原受电地点内暂换整台变压器。

2）暂换时间，10kV 及以下的不得超过 2 个月，35kV 及以上的不得超过 3 个月，逾期不办理手续的，供电企业可终止供电。

3）暂换的变压器，经检验合格后才能投入运行。

4）对执行两部制电价的客户，须在暂换之日起，按替换后的变压器容量计收基本电费。

（4）迁址。迁址是指客户由于生产经营或市政规划等原因需迁移受电装置地址的变更用电事宜。迁址需提前 5 天向供电企业提出申请，供电企业应按下列规定办理：

1）原址按终止用电办理，供电企业予以销户，新址用电优先受理。

2）迁址后的新址不在原供电点的，新址用电按新装用电办理。

3）迁址后的新址在原供电点供电的，且新址用电容量不超过原址容量，新址用电无需按新装办理，但新址用电引起的工程费用由客户承担。

4）迁移后的新址仍在原供电点，但新址用电容量超过原址用电容量的，超过部分按增容办理。

5）私自迁移用电地址而用电者，除按《供电营业规则》规定办理外，私迁新址不论是否引起供电点变动，一律按新装用电办理。

供电点是指客户受电装置接入供电的位置。

（5）移表。移表是客户在原用电地址内，因修房屋、变/配电室改造或其他原因，需要移动用电计量装置位置的业务。

客户移表须向供电企业提出申请，供电企业按下列规定办理：

1）在用电地址、容量、类别、供电点等不变的情况下，可办理移表手续。

2）移表所需费用由客户负担。

3）客户不论何种原因，不得自行移动表位，否则按违章用电处理。

（6）暂拆。暂拆是客户因修房屋或其他原因需要时停止用电并拆表的业务。

客户持有关证明向供电企业提出申请，供电企业按下列规定办理：

1）客户办理暂拆手续后，供电企业应在 5 天内执行暂拆。

2）暂拆时间最长不得超过 6 个月，暂拆期内，供电企业保证该用户原容量的使用权。

3）暂拆原因消除，用户要求复装接电时，须向供电企业办理复装接电手续，并按规定支付费用，上述手续完成后，供电企业应在 5 天内为该户复装接电。

4）超过暂拆规定时间要求复装接电者，按新装手续办理。

（7）更名过户。更名是原户不变而仅依法变更企业、单位居民用电代表人的名称的业务；过户是原户迁出，新户迁入，改变了用电单位或用电代表的业务。

客户应持有关证明向供电企业提出申请，供电企业按下列规定办理：

1）在用电地址、容量、类别不变的条件下，允许办理更名或过户。

2）原客户与供电企业结清债务，才能解除原供用电关系。

3）不申请办理过户手续而私自过户者，新客户应承担原客户所负债务，经供电企业检查发现私自过户时，供电企业应通知该户补办手续，必要时可中止供电。

（8）分户。分户是指原客户由于生产、经营或改制等原因，一户分列为两户及以上的计费客户。

客户分户应持有关证明资料向供电企业提出申请，供电企业按下列规定办理：

1）在用电地址、供电点用电容量不变，且其受电装置具备分装的条件时，允许办理分户。

2）在原客户与供电企业结清债务的情况下，方可办理分户手续。

3）分立后的新客户应与供电企业重新建立供用电关系。

4）原客户的用电容量由分户者自行协商分割，需要增容者，另行办理增容手续。

5）分户引起的工程费用由分户者承担。

6）分户后受电装置应经供电企业检验合格，由供电企业分别装表计费。

（9）并户。客户在用电过程中，由于生产经营或改制方面原因，两户及以上用户合为一户，称为并户。

客户持有关证明资料向供电企业提出并户申请后，供电企业按以下规定办理：

1）同一供电点、同一用电地址的相邻两个及以上客户允许办理户。

2）原客户应在并户前向供电企业结清债务。

3）新客户用电容量不得超过原各客户容量之和。

4）并户引起的工程费由并户者承担。

5）并户的受电装置应经检验合格，由供电企业重新装表计费。

（10）销户。销户是指客户由于合同到期终止供电、企业破产终止供电、供电企业强制终止客户用电的业务，即供用电双方解除供用电关系。

客户合同到期终止供电的办理规定：

1）客户必须停止全部用电容量的使用。

2）客户与供电企业结清电费和所有账务。

3）查验用电计量装置完好性后，拆除接户线或用电计量装置。

企业依法破产终止供电的办理规定：

1）供电企业予以销户，终止供电。

2）从破产客户分离出去的新客户，必须在偿清原破产客户电费和其他债务后，方可办理变更用电手续，否则按违约用电处理。

供电企业强制终止客户用电的办理规定：客户连续 6 个月不用电，也不申请办理暂停用电手续者，供电企业须以销户终止其用电，客户需再用电时，按新装用电办理。

（11）改压。客户正式用电后，由于客户原因需要在原址改变供电电压等级的，称为改压。

客户改压应向供电企业提出申请，供电企业按下列规定办理：

1）改压后的容量不大于原容量者，由客户提供改造费用；超过原容量者，按增容办理。

2）由于供电企业的原因引起的客户供电电压等级变化的，改压引起的客户外部工程费用由供电企业负担。

（12）改类。客户由于生产、经营情况发生变化，电力用途发生了变化，而引起用电电价类别的改变，称为改类。

客户持有关证明资料向供电企业提出改类申请后，供电企业按以下规定办理：

1）在同一受电装置内，电力用途发生变化而引起用电电价类别改变时，允许办理改类手续。

2）擅自改变用电类别应按违约用电处理。

八、高压业扩的办理

依据《电力供应与使用条例》和《用电营业规则》，用户新装或增加用电容量均要求事先到供电公司用电营业场所提出申请，办理手续，用户在新建项目的立项选址阶段，应与供电公司联系，就供电可能性、用电容量和供电条件达成原则协议，方可定项目选址。

客户新建项目定址后，应提供上级主管部门批准的文件及有关资料，并依照供电公司规定的格式如实填写用电申请书及办理所需手续，供电公司应密切配合，尽快确定供电方案；客户未按规定办理时，供电公司有权拒绝受理其用电申请。

营业工作人员在接受客户用电申请时，必须根据客户的用电性质，对资料进行审查，特别要查清工程项目是否已得到批准，提供的资料是否可以满足审定供电方案和设计、施工的要求，进行供电可能性和合理性的审查；通过客户提供的用电资料及现场调查，要查明供电网络的输变配电等情况以及电源供应情况，进行综合研究；受理用电申请后，要进行编号、登记建账、记录经办情况等。

（一）客户需要新装或增容申请时应携带的资料

10kV 电力客户需要新装或增容申请时，应携带以下有关资料：

（1）用电申请报告（内容包括客户名称、工程项目名称，用电地点、项目性质、申请容量、所属行业及主要产品供电时间要求、联系人和联系电话等）。

（2）房产证或房屋租赁合同。

（3）用电设备清单。

（4）营业执照或组织机构代码证。

（5）法人代表身份证。

（6）规划平面图。

（7）政府立项批复文件及规划选址意见书。

（8）如客户委托他人办理，须提供授权委托书及受托人身份证。

（9）采矿等特种生产企业，政府核发的许可证照。

增容客户还应提供以下原装容量的有关资料：

（1）客户受电装置的一、二次接线图。

（2）继电保护方式和过电压保护。

（3）配电网络布置图。

（4）自电源及接线方式。

（5）供用电合同书。

（二）用电申请书的主要内容与格式

（1）户名，指电费缴付者。

（2）用电地址，指装表地址。

（3）开户银行与银行账号。

（4）单位性质，指企业、事业、机关团体等。

（5）行业，指工业、商业，宾馆、餐饮服务、娱乐等。

（6）联系人和电话号码。

（7）主要产品及年产能力。

（8）新建（扩建）项目批准文号。

（9）投资总额。

（10）用电性质及要求。

（11）预计需要最高用电负荷。

（12）生产班次，指一班制、两班制、三班制。

（13）申请容量，指原有容量、新装容量、增加容量、合计容量。

（14）申请单位盖章，负责人签章。

（15）主管部门意见，签章。

（16）用电设备容量明细表，指设备名称，台数、容量。

（三）单电源供电的客户

（1）客户应持有关部门批准的文件到供电公司营业厅办理新装或增容用电申请手续。

（2）业务受理人员应审查用户所提供的文件是否符合申请用电的要求，如果符合要求，则应受理并予以登记，然后将客户用电申请书及其所提供的文件、资料转给外勤人员，进行必要性、合理性、可能性的调查。

（3）客户经理根据用电申请书填写的用电要求，对用电现场进行调查。如有外部供电工作时，则应根据现场实际情况，以及 10kV 电源的进线位置，拟订供电方案，绘制图纸以便审核。

（4）会同营业管理、生技等部门召开业扩会议，生技部门根据营业部门转过来的用电申请书及拟订的供电方案、图纸，对 10kV 线路的 T 接或延伸进行审核。如需由变电所重新出线的，则须以计划部门为主，生技部门与营业管理部门配合，共同审核提出意见，然后按容量大小的审批权限分工，逐级审批。

（5）业务受理人员根据批准的供电方案计算客户应缴纳的费用，并通知客户同意报装。客户则可按同意报装的通知进行工作，如向供电公司营业管理部缴纳费用，内部工程即可委托设计与施工。在施工期间，负责该项目的用电检查人员（或客户经理）应适时对工程进行跟踪检查，最终进行竣工检查，直到合格，确认具备接电的条件。

（6）业务受理人员在外部供电工程验收合格后，通知计量中心按批准的用电容量、计量方式配备和安装相应的电能计量装置、负荷控制装置，最后将客户申请用电的资料集中，转电费管理部门建账、立卡，完成立户手续。

（四）双电源供电的客户

对申请以双电源供电的客户，除了按以上单电源供电各项工作流程进行工作外，业务受理人员还须对客户使用双电源的必要性、对供电可靠性的依赖程度、电网供给双电源的可能性等进行逐级审查。

（五）高压新装、增容客户业扩流程图

供电公司高压新装、增容客户业扩流程如图3-3所示，箭头所指方向为流程顺序。

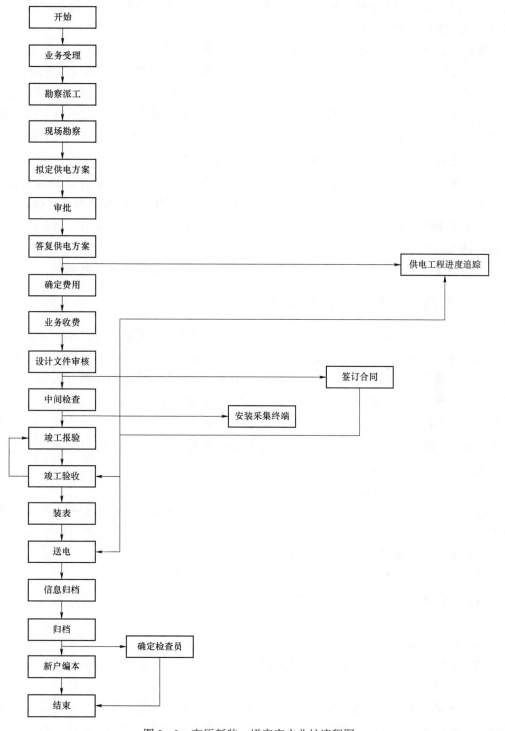

图3-3　高压新装、增容客户业扩流程图

对高压供电的客户，应本着"大户集中管理"的原则，根据本单位机构的实际状况，采取相对集中统一报装的办法；对高压供电方案的审批，因牵涉有关部门较多，可采取业扩会的方式，但应尽量缩短审批周期，按规定期限要求及时给客户答复，对于无法批准的用电申请，也应在答复期限内向客户说明不能批准的原因。

流程中各环节运行的允许期限（有效工作日）要求如下：

（1）受理用电申请后，将确定的供电方案书面通知客户的期限是：高压单电源客户 15 日；高压双电源客户 30 日；客户若对答复的供电方案有不同意见时，应在 1 个月内提出。

（2）对客户送审的设计文件，审核期限一般为 1 个月。供电公司的审核意见应以书面形式连同核过的受电工程设计文件一份和有关资料一并退还客户，以便客户据以施工。

（3）工程验收合格后的接电期限一般为 5 个工作日。

受理增容用电申请时，应认真核查客户原供电合同，查原报装容量及计量安装情况。

外部工程的设计、施工由供电公司供电工程管理部门组织实施，客户内部工程的设计、施工可根据本地区实际情况自行选择设计、施工单位，但必须是国家或地方主管认可的具有相应资格的设计部门和施工单位。

流程中规定竣工验收合格，认为客户具备送电条件后，才能装表、接电。

九、高压用户的供电方案确定

确定供电方案是业扩报装工作的一个重要环节，供电方案要解决的主要问题分为两部分：第一是供多少，第二是如何供。供多少，是指确定受电容量是多少比较适宜。如何供电的主要内容是确定供电电压等级，选择供电电源，明确供电方式与计量方式等。供电方案制订正确与否，将直接影响电网的结构与运行，影响电力客户所需的供电可靠性和电压质量能否得到满足和保证。此外，供电方案还为正确执行分类电价，正确选择、安装电能计量装置，合理计收电费以及建立供用双方的业务关系，解决日常用电中的各种问题奠定了一定的基础，创造了必要的条件。

（一）确定供电方案基本原则

（1）在工程投资经济合理基础上，满足电力客户对供电安全、可靠、经济、合理的原则。

（2）电力客户受电端电压符合规定要求。

（3）考虑运行、检修维护方便，以及施工建设的可能性。

（4）结合区域电网规划、当地供电条件等因素确定。

（5）考虑客户未来发展的前景。

（6）对特殊用电设备，要考虑对电网的影响。

（7）工程投资与供电损耗一起进行技术经济比较。

（二）供电条件勘察

供电公司在受理电力客户用电申请后，应组织人员对电力客户用电申请资料进行现场勘察，以便制订更为合理的供电方案。现场勘察由供电公司用电营销部门统一组织，勘察人员由用电检查人员（或客户经理）、线路和变电工程技术人员组成。勘察内容主要包括：

（1）对电力客户用电申请，核查一般资料，包括户名用电地址、联系人与联系电话、行业分类、项目批文、投资资金、用电类别等。

（2）核查用电现状及用电容量，包括电源性质、原装容量、新增容量、合计容量等。

（3）制订审批的供电方案草案，主要包括受电点、用电范围、主接线方式、运行方式、变电站布置形式、双电源联锁装置、负荷等级、电源性质、确定容量、电压等级、计量方式、互感器变比、无功补偿、供电线路名称、受电变压器容量等。

（三）确定变压器容量

电力客户申请用电后，首先要审核申请的受电变压器容量是否合理。通过审核客户的负荷计算是否正确（目前的用电量和今后的发展前景），综合安全与经济两大因素，论证并确定变压器的台数与容量。

对于用电容量较小的城镇居民、市政照明负荷、中小型工商业和一些小型动力负荷，一般都以低压供电。在确定供电容量时，可根据负荷计算和负荷预测，或者已安装的用电设备提出的用电容量确定变压器的容量。

对于用电容量较大的电力客户，一般规定为容量在 100kW 及以上的用户，在确定用电变压器容量时，首先审查客户负荷计算是否正确。如果采用需用系数计算负荷时，计算负荷确定后，一定要根据无功补偿应达到的功率因数求出相应的视在功率，再利用视在功率选择变压器容量。

1. 审核负荷计算

在已知设备容量的前提下，采取需用系数法求出计算负荷，即

$$P = K_c \sum P_c \tag{3-1}$$

式中　P——计算负荷，kW；

　　$\sum P_c$——用电设备容量，kW；

　　K_c——需用系数。

计算负荷求出后，根据无功补偿要求达到的功率因数，可分别求出相应的无功功率和视在功率，即

$$Q = P \tan\varphi \tag{3-2}$$

$$S = P / \cos\varphi \tag{3-3}$$

式中　P——计算负荷，kW；

　　Q——与 P 相对应的无功功率，kvar；

　　S——变压器的视在功率，kVA；

　　$\cos\varphi$——规定的功率因数；

　　$\tan\varphi$——与 $\cos\varphi$ 相对应的正切函数值。

2. 确定变压器容量的原则

（1）变压器容量应在满足近期电力需求的前提下，保留合理的备用容量，为未来发展

留有余地。一般来讲备用容量不宜过大，否则变压器利用率低，客户设备投资和运行费用高，电网无功损耗大、功率因数低。

（2）在确保变压器不超载及安全运行的前提下，同时考虑减少无功损耗，一般选择计算负荷等于变压器额定容量的 70%～75%是比较安全经济的。

（3）对于用电季节性强、负荷分散性大的客户，既要能满足旺季或高峰期用电的需要，又要防止用电淡季或低谷期变压器轻载空载，无功损耗过大。例如，对于农业排灌站和一些临时用电，可适当降低单台变压器容量，增加变压器台数，即采取小容量密布点的方式加以解决。

确定变压器容量是一项重要而复杂的工作，一定要满足安全经济合理的要求。

（四）确定供电电压

对用户供电电压，应根据用电容量、用电设备特性、供电距离、供电线路的回路数、当地公共电网现状、通道等社会资源利用效率及其发展规划等因素，经技术经济比较后确定。

1. 供电电压等级标准

（1）低压供电电压：单相 220V，三相 380V。

（2）高压供电电压：10、20、35（63）kV。除发电厂直配电压可采用 3kV 或 6kV 外，其他等级的电压应逐步过渡到上述额定电压。电力客户需要的电压等级不在上述范围时，应自行采取变压措施解决。

（3）供电公司供电的额定频率为交流 50Hz。

2. 供电电压的选择

供电公司对电力客户的供电电压，应从供用电的安全经济合理和便于管理等综合效益出发，依据国家的有关政策和规定电网的规划、用电需求以及当地供电条件等因素，进行技术经济比较并与客户协商确定。

（1）客户单相用电设备总容量不足 10kW 的可采用低压 220V 供电，但有单台设备容量超过 1kW 的单相电焊机、换流设备时，客户必须采取有效的技术措施以消除对电能质量的影响，否则应改为其他方式供电。

（2）客户用电设备总容量在 100kW 及以下或需变压器容量在 50kVA 及以下者，可采用低压三相四线制供电，特殊情况也可采用高压供电。

（3）对于用电设备总容量超过 250kW 或需用变压器容量超过 160kVA 的客户，一般采用 10kV 供电。

（4）对于大容量、远距离的大电力客户，根据需要与可能，可采用 35～220kV 供电。

（5）对于农村用电，应根据负荷大小和距离远近，采用 35～110kV 输电，10kV 配电；在灌溉用电较多的地区，10kV 级电压很难保证合格的电压质量，可采用 35kV 直配电和 35kV 降压 10kV 配电两种联合供电方式。

（五）确定供电方式

营销管理部门应根据用电地点、用电容量和确定的供电线路回路数，并经详细调查用户周围的地理条件、电源布局、电网供电能力和负荷等情况后，拟订供电方式。供电方式的主要内容包括确定供电电源和选择供电线路两部分。

1. 确定供电电源

（1）按照就近供电的原则选择供电电源，供电距离近，电压损耗低，电压质量容易保证。

（2）客户需要备用电源、保安电源时，供电公司应按其负荷重要性、用电容量和供电的可能性，与客户协商解决。

备用电源是指供电设施发生故障或检修时，能使客户的部分或全部生产过程正常用电而设置的电源；保安电源是指正常电源故障情况下，为保证客户重要负荷仍能连续供电和不发生事故而设置的电源。

重要负荷是指对中断供电后会产生下列后果之一者：

1）造成人身伤亡者；

2）造成环境严重污染者；

3）造成重要设备损坏，连续生产长期不能恢复者；

4）在政治上造成重大影响者。

客户重要负荷的保安电源可由供电公司提供，也可由客户自备，遇有下列情况之一者，保安电源应由客户自备：

1）在电力系统瓦解或不可抗力造成供电中断时，仍需保证供电的；

2）客户自电源比电力系统供给更为经济合理的。

（3）对基建工地、农田水利、市政建设等非永久性用电，可供给临时电源，临时用电期限除经供电公司准许外，一般不得超过6个月～4年，逾期不办理延期永久性正式用电手续的，供电公司应中止供电。

使用临时用电的客户不得向外转供电，如需改为正式用电应按新装用电办理。因抢险救灾需要紧急供电时，供电公司应迅速组织力量架设临时电源供电。其工程费和电费应由地方政府有关部门负责从救灾经费中拨付。

（4）供电公司对客户一般不采用趸售方式供电，电网经营企业与趸购转售电的单位应就趸购转售事宜签订供电合同，明确双方的权利和义务，趸购转售电单位需新装或增加趸购容量时，应按规定办理新装增容手续。

（5）用电客户不得自行转供电。在公用供电设施尚未到达的地区，供电公司在征得该地区有供电能力的直供客户同意后，可采用委托方式向其附近的客户转供电力，但不得委托重要的国防军工客户转供电。

（6）为保障用电安全，便于管理，客户应将重要负荷与非重要负荷、生产用电与生活区用电分开配电。

2. 选择供电线路

可根据用户的负荷性质、负荷大小、用电地点和线路走向等选择供电线路及其架设方式。根据我国目前的情况，郊区县以架空线为主，城市电网则逐步考虑电缆入地的配电间题，已从 35、20、10kV 和 380V 全面展开。报装时，电力线路建议按经济电流密度选择导线。

在供电线路走向方面，应选择在正常运行方式下具有最短的供电距离，以防止发生近电远供或迂回供电的不合理现象。

（六）确定电能计量方式

供电公司应在用户每一个受电点按不同电价类别，分别安装电能计量装置，且每个受电点作为用户的一个计费单位，具体要求参照 DL/T 448—2000《电能计量装置技术管理规程》相关规定。

1. 明确电能计量点

计量点就是用电计量装置或计费电能表的安装位置，应在供电方案中予以明确规定，以便在设计变电所时预留安装位置，作为计收电费的依据。电能计量装置包括计费电能表（有功、无功电能表及最大需量表）和电压、电流互感器及二次连接线或二次导线。计费电能表及附件的购置、安装、移动、更换，校验、拆除，加封、启封及表计接线等，均由供电公司负责办理，用户应提供工作上的方便。

（1）对于高压供电用户，原则上电能计量装置应安装在变压器的高压侧，在高压侧计量。对于用电容量较小的户，10kV 供电且容量在 500kVA 及以上者，或 35kVA 供电且容量在 315kVA 及以下者，也可在变压器的低压侧装表计量。计费时，应负担变压器本身的有功、无功损耗和线路损耗。

（2）对于专用线路供电的高压用户，应以产分界处作为计量点，也可在供电变压器处装表计量。如果供电线路属于用户，则应在电力部门变电所出线处安装电能计量装置。

（3）对于有冲击性负荷，不对称负荷、谐波负荷和整流用电的用户，计量装置必须装在用户受电变压器一次侧。为了保证计量点能够反映用户消耗的全部电能，对于双电源供电的用户，每路电源线均应装设与备用容量相对应的电能计量装置。对大容量内桥接线的用户，计量点应设在变压器的电源侧，电流互感器的变比可按单台主变压器的额定电流选择，以提高计量的准确度。对于单电源供电的用户，原则上只装设一套电能计量装置。但是，如因季节性用电主变压器容量与实际用电悬殊，也可酌情加装计量表计，分别计量。对于双电源供电且经常改变运行方式的用户，应保证电能计量点在任何方式下都能正确计量，防止发生电能表失电情况。

2. 确定电能计量方式的原则

（1）用电计量装置原则上应装在供电设施的产权分界处。如不在分界处，变压器的有功、无功损耗和线路损失由产权单位负担，对高压供电用户应在高压侧计量，经双方协商同意，也可在低压侧计量，但应加计变压器损耗。

（2）电能计量装置尽可能做到专用，装设在 35kV 及以下的计量装置应设置专用互感器或专用计量；属高压供电的用户，应按照计费的要求提供或移交计量专用装置，包括计量用互感器，并应妥善地运行、维护和保管，自行投资建设专用变电所的用户，应当在供用电合同中予以明确，并作为变电所设计的内容之一。

（3）根据《电热价格》规定，普通工业用户、非工业用户的生活照明与生产照明用电，大工业用户的生活照明用电都应分表计量，按照明电价交、收电费，在用户报装时，必须明确规定分线分表或装两套表，计量收费。

（4）对于农村用户应以村为单位，对排灌、动力和照明用电，实行分线分表计量收费，并在送电前加以检查落实；对农村趸售用户，应以上述三种用电的实际构成确定趸售电价，从用户报装开始就应予以明确。

（5）对执行两部制电价，依功率因数调整电费的用户，必须装设有功与无功电能表。

对于不同电价类别的负荷，除分别装设计量装置外，还可以采取定比定量的方式计算。电能计量装置装设后，用户应妥为保护，不应在表前堆放影响抄表或计量准确性和不安全的物品，要防止发生计费电能表丢失、损坏或过负荷烧坏等情况。供电公司应当按国家批准电价，依据用电计量装置的记录计算并收取电费。

（七）答复客户

经现场勘察后，营销部门将勘察单按职责分工呈报上级，履行公司内部供电方案审批手续，审批后将供电方案审批单传递给用电营业机构，由用电营销部门向客户开出同意供电通知单，对客户用电申请予以正式答复。答复的主要内容包括户名、地址、主接线方式、运行方式、电源性质、容量、供电线路、电压等级、计量方式、进（接）户方式、变压器容量等。

书面通知单答复客户的期限为：居民客户不超过 3 天；低压电力客户不超过 7 天；高压单电源客户不超过 15 天；高压双电源客户不超过 30 天。客户应根据确定的供电方案进行受电工程设计。

供电方案应以经供电方与用户协商确定的供电方案为依据，并按照各省电力公司制定的《电力用户业扩工程技术规范》中相关规定和国家、省级颁布的标准、规范以及电力行业标准进行。如用户委托设计任务的内容与供电方案的内容不一致，应以供电方案为准，任何设计单位不得变更供电方案中所确定的供电电压等级、受电容量、电气主接线、两路电源的运行方式、保安措施、计量方式、计量电流互感器变比。

十、高压用户新装接电前应履行完毕的工作内容

电力客户在结清一切业务费用及电费逾欠（扩建、改建用户）的前提下，新装接电前应履行完以下工作。

（一）签订供用电合同

《供用电合同》标准格式的填写及非标准格式的起草，宜由用电检查员（或客户经理）根据相关法规、电力公司有关制度及本供用电项目过程中的有效文件资料，在协调供电公司内部相关部门（一般为调度、运行管理、电费抄核收等部门）意见的基础，并经业务主管审核，完成草本，经与电力客户协商一致，由双方各自的合同授权委托代理人批准履行供用电合同签订手续。合同正本应由供电公司（或电力营销部门）档案管理部门归档，根据需要各相关部门可分存副本或进入计算机信息管理系统共享。

（二）受电设备继电保护、自动装置整定

若受电变电所的主变压器、受电断路器继电保护、自动装置规定由供电公司整定、校验，应由用电检查人员（或客户经理）在校验之前向供电公司继电保护专职部门提出整定要求及需用日期，同时提供以下技术资料。注意，现场校验宜在竣工检验之前完成。

（1）受电变电所主接线、受电电压级变压器的额定容量、电压电流比、百分阻抗、绕组联结组别、中性点接地状况，受电电压级电动机的类型、额定功率、功率因数、启动方式（全压或降压、降压设备及其规格，重载或轻载）、额定电压下启动电流。

（2）供电线路名称及编号（供电工程中新放供电线路，则提供供电线路电源站名、供电线路类型、规格及长度）。

（3）可能的运行方式（对保护及整定有影响的）。

（4）相关继电保护、自动装置原理图及设备型号、规格。

（三）受电变电所现场竣工检验

变电所现场竣工检验由供电公司用电检查人员（或客户经理）根据有关电气工程施工验收规程组织完成，参与竣工检验人员有供电公司有关技术人员、施工单位技术人员、电力客户电气负责人等。

（四）计费计量装置安装

（1）根据计量装置设备准备的需要，用电检查人员（或客户经理）应提前向供电公司表计管理部门书面提出计量装置需用信息（型号、规格、数量及需用时间）。计量互感器应在受电变电所施工期间提供，电力客户提供的计量设备应通知客户在施工前经供电公司有权进行计量鉴定的部门（或当地电能表强制鉴定站）检验合格。

（2）采用非常规的计量装置设备应取得有权计量管理部门的认可，并就设备资产、备品等事项同电力客户协商一致。

（3）计量装置的接线安装应安排在供用电合同签订后，宜紧接受电变电所竣工检验完工后。

（五）供电设施施工

应由生产运行部门（或工程部门）向调度部门提供工程完工报告，并提供相应的电网变更前后接线图，相关保护（包括自落熔丝）变更前后的型式和定值。

（六）制定启动方案

（1）启动方案由用电检查人员（或客户经理）经协调供电公司调度部门及客户进行编写，并经相关技术主管批准，在受电变电所送电前分送参加受电变电所启动的供电公司有关部门及客户。对于涉及电网（电厂）要进行复杂操作或用户内部涉及电源解、并列等较复杂操作、必要时宜通过会议协调启动方案，明确各方的准备工作、操作任务及相互配合内容。

（2）启动方案内容如下：

1）启动日期、时间。

2）启动条件，包括启动设备安装调试完毕，由施工单位出具相关试验报告，一、二次设备电气接完好、相位正确，经验收合格，具备投运条件。

3）启动前的检查内容包括：送电当前受电变电所一、二次设备的巡视检查内容；送电前供电设施需要进行的巡视检查、电气试验报告、缺陷处理等情况向调度汇报。

4）启动操作内容包括：配电电网需要进行的操作，受电变电所内的送电范围及相应的操作票（包括检查相序正确，多电源相位核对）。

5）送电过程中可能发生的异常、缺陷及故障处理的预案。

6）参加启动的人员包括：新装送电用户负责人（与供电公司调度部门联系送电），受电变电所操作人、监护人。

第二节　业扩报装相关标准要求

一、低压用电工程验收项目及标准

1. 验收时间

低压客户工程施工结束以后，由供电所组织验收。

2. 验收条件

（1）工程项目按设计规定全部竣工。

（2）自验收合格。

（3）竣工验收所需资料已准备齐全。

3. 验收项目

（1）工程施工是否依照施工图纸、设计说明和施工要求并按照相关规范进行，工程中发生施工变更是否按规定程序进行。

（2）工程量是否全部完成。

（3）工程决算资料。

（4）所用设备材料质量是否符合规定要求。

（5）施工工艺是否达标，有无安全隐患。

（6）工程相关档案资料收集、整理是否齐全。

（7）各种电气设备试验是否合格、齐全。

（8）变电所（室）土建是否符合规定标准。

（9）全部工程是否符合安全运行规程及防火规范等。

（10）安全工器具是否配备齐全，是否经过试验。

（11）操作规程、运行值班制度等规章制度的审查。

（12）作业电工、运行值班人员的资格审查。

4. 验收标准

（1）工程建设批复、规划、设计等相关文件资料。

（2）DL/T 499—2001《农村低压电力技术规程》。

（3）DL/T 477—2001《农村低压电气安全工作规程》。

（4）相关规程。

5. 验收准备

工程施工结束后，施工单位必须首先进行自验收，自验收合格后提供工程竣工图、隐蔽工程记录、设备材料使用清单等资料，提交竣工申请报告，申请验收。

二、高压用户新装的设计审核与现场竣工检验

（一）受电工程（变配电所）的设计审核

1. 设计单位资质审核

设计单位应具有相应资质。

2. 审核依据

（1）国家、行业及地方的相关法规、规范、标准及政策。

（2）用户申请用电以及设计单位提供的用电性质及用电需求资料。

（3）供电方案答复。

（4）运行、维护工作的需要和经验。

3. 设计方案审核要点

供电企业应当审核的用户受电工程设计文件和有关资料包括：

（1）低压用户应审核的资料包括：负荷组成和用电设备清单。

（2）高压用户应审核的资料包括：

1）受电工程设计及说明书。

2）用电负荷分布图。

3）负荷组成、性质及保安负荷。

4）影响电能质量的用电设备清单。

5）主要电气设备一览表。

6）主要生产设备生产工艺耗电及允许中断供电时间。

7）高压受电装置一、二次接线圈与平面布置图。

8）用电功率因数计算及无功补偿方式。

9）继电保护、过电压保护及电能计量装置的方式。

10）隐蔽工程设计资料。

11）配电网络布置图。

12）自备电源及接线方式。

供电企业如确需用户提供其他资料，应当提前告知用户，供电企业审核用户受电工程设计文件和有关资料的期限自受理之日起，低压供电用户不超过 8 个工作日，高压供电用户不超过 20 个工作日。

4. 施工设计审核要点

施工设计应在已审核确定的设计方案基础上完成，新技术、新设备选用具有合理性。

（1）重要用户选用新技术、新设备宜掌握其理论论证型式试验数据及一定时间的运行经验；进口设备的可靠性应有合同保证。

（2）一次设备选型（含规格）符合环境条件、正常运行的负荷，电压及动热稳定断路器还应符合通断电流的要求，成套配电装置还应符合"五防"要求。

（3）配电装置、控制设备的布置及走线合理，安全距离符合规范及运行要求，整体布局紧凑，不浪费建筑面积。

（4）继电保护、自动装置及常测仪表接线正确，符合规范要求；设备选型（规格）与互感器匹配，符合整定要求，符合环境条件；继电保护、自动装置整定值符合灵敏性、选择性和可靠性要求，互感器二次回路负载符合规范规定。

（5）控制、保护、交直流屏（台）的排列、盘面布置合理，符合规范要求。

（6）直流电源（蓄电池、硅整流、电容储能）容量满足使用方式（包括事故情况下）要求；直流系统接线及保护监测（绝缘、电压、电流、声光）符合规范要求。

（7）配电装置的防误装置、连锁装置符合标准及本所控制操作的要求（包括与生产工艺要求的连锁）。

（8）控制电缆的选用（型号、规格）及配置符合规范规定，其敷设途径应在一次设备正常运行条件下能进行维护工作。

（9）无功补偿容量及其配置方式、投切方案合理，并符合规程要求。

（10）过电压保护装置配置、选型、保护范围符合规范规定，并与进线段保护匹配。

（11）接地网、接地装置及接地线的配置符合规范规定，接地电阻不大于规定值。

（12）建筑物内部分隔合理，内外通道、门窗、沟井符合规范要求（人身安全、防火、防汛、通风、设备装运）；建筑物、构筑物结构设计符合当地地震防范等级要求。

（13）照明回路配置合理，灯具位置符合安全和维护要求，不同场所的插座应适应单相、三相及容量的需要。一个室内的照明灯具应错位控制。

（14）施工设计文件、图纸齐全，符合施工所需。审核后的受电工程设计文件和有关资料如有变更，供电企业复核的期限为：高压供电用户一般不超过 15 个工作日，低压供电用户一般不超过 5 个工作日。

（二）工程竣工检验

施工单位按标准要求自验收合格，相关资料收集齐全后填写客户电气安装工程检验申请表（请参考表样例见后），由供电公司组织人员验收；供电公司根据客户提交的受送电工程竣工报告，验证资料齐全后组织竣工检验。

1. 工程竣工检验依据

供电企业对用户受电工程的竣工检验应当符合 GB 50150—2006《电气装置安装工程电气设备交接试验标准》、GB 50169—2006《电气装置安装工程　接地装置施工及验收规范》、GB 50168—2006 电气装置安装工程　电缆线路施工及验收规范》、GB 50171—1992

《电气装置安装工程　盘、柜及二次网路结线施工及验收规范》、GB 50172—1992《电气装置安装工程　蓄电池施工及验收规范》、GB 50173—1992《电气装置安装工程　35kV 及以下架空电力线路施工及验收规范》、GB 147—1990《电气装置安装工程　高压电器施工及验收规范》、GB 148—1990《电气装置安装工程　电力变压器、油浸电抗器、互感器施工及验收规范》、GB 149—1990《电气装置安装工程　母线装置施工及验收规范》、JGJ 162008《民用建筑电气设计规范》等国家和行业标准。

2. 工程竣工资料

（1）工程竣工图及说明（工程竣工图应加盖施工单位"竣工图专用章"）。

（2）变更设计的证明文件。

（3）主设备（变压器、断路器、隔离开关、互感器、避雷器、直流系统等）安装技术记录。

（4）电气试验及保护整定调试报告（含整组试验报告）。

（5）安全工具的试验报告（含常用绝缘、安全工器具）。

（6）主设备的厂家说明书、出厂试验报告、合格证。

（7）隐蔽工程施工及试验记录。

（8）运行管理的有关规定。

（9）值班人员名单和上岗资格证书。

（10）供电企业认为必要的其他资料或记录。

组织竣工检查时限：自受理之日起，低压电力客户不超过 5 个工作日，高压电力客户不超过 7 个工作日；对检验不合格的，应及时以书面形式通知客户，同时督导其整改，直至合格。

3. 工程竣工检验的具体内容

（1）客户工程的施工是否符合审查后的设计要求，隐蔽工程是否有施工记录。

（2）设备的安装、施工工艺和工程选用材料是否符合有关规范要求。

（3）一次设备接线和安装容量与批准方案是否相符，对低压客户应检查安装容量与报装是否相符。

（4）检查无功补偿装置是否能正常投入运行。

（5）检查计量装置的配置和安装是否正确合理、可靠，对低压客户应检查低压专用计量（箱）是否安装合格。

（6）各项安全防护措施是否落实，能否保障供用电设施运行安全。

（7）高压设备交接试验报告是否齐全准确。

（8）继电保护装置经传动试验动作准确无误。

（9）检查设备接地系统，应符合 GB 50169—2006 的要求，接地网及单独接地系统的电阻值应符合规定。

（10）检查各种连、闭锁装置是否齐全可靠，检查多路电源自备电源的防误连锁装置及协议签订情况。

（11）检查各种操动机构是否有效可靠，电气设备外观清洁，充油设备不漏不渗，设备编号正确、醒目。

（12）客户变电所（站）的模拟图板的接线、设备编号等应规范，且与实际相符，做到模拟操作灵活、准确。

（13）新装客户变电所（站）必须配备合格的安全工器具、测量仪表、消防器材。

（14）建立本所（站）的例闸操作、运行检修规程和管理等制度，建立各种运行记录簿，备有操作票和工作票。

（15）站内要备有一套全站设备技术资料和调试报告。

（16）检查客户进网作业电工的资格。

用户受电工程启动竣工检验的期限：自接到用户受电装置竣工报告和检验申请之日起，低压供电用户不超过 5 个工作日，高压供电用户不超过 7 个工作日。

三、高压用户配电线路方案

（一）电源点的选择确定

（1）供电电源点的确定应符合下列规定：

1）电源点应具备足够的供电能力，能提供合格的电能质量，以满足用户的用电需求，确保电网和用户变电所的安全运行。

2）对多个可选的电源点选择，应进行技术经济比较后确定。

3）应根据电力客户的负荷性质和用电需求来确定电源点的回路数和种类，满足客户的需求，保证可靠供电。

4）应根据城市地形、地貌和城市道路规划要求就近选择电源点，线路路径应短捷顺直，减少与道路的交叉，避免近电远供、迂回供电。

（2）一级负荷的供电应符合下列规定：

1）一级负荷应由两个电源供电，当一个电源发生故障时，另一个电源不应同时受到损坏。

2）重要用户应增设应急电源，并严禁将其他负荷接入应急供电系统。

（3）二级负荷的供电电源应符合下列规定：

1）二级负荷的供电线宜由两回线路供电。

2）在负荷较小或地区供电条件困难时，二级负荷可由一回 6kV 及以上专用的架空线路或电缆供电。当采用架空线时，可为一回架空线供电；当采用电缆线路时，应采用两根电缆组成的线路供电，其每根电缆应能承受 100%的二级负荷。

（4）三级负荷的电力客户由单电源供电。

（5）两回及以上供配电线路供电的客户，宜采用同等级电压供电，但根据各负荷等级的不同需要及地区供电条件，也可采用不同电压等级供电。

（6）同时供电的两回及以上供配电线路中一路中断供电时，其余线路应能承担 100% 一、二级负荷的供电。

（7）低压电力客户电源点的确定应符合下列规定：

1）应就近接入低压配电网。

2）低压客户选择电源点时，宜采取下列措施，降低电源系统负荷的不对称度：

a. 由地区公共低压电网供电的 220V 照明负荷，除单相变压器供电外，线路电流在 80A 及以下时，可采用 220V 单相供电；在 80A 以上时，宜采用 220V/380V 三相四线制供电。

b. 220V 单相或 380V 两相用电设备接入 220V/380V 三相系统时，宜使三相平衡。

（8）居住区电源点的选择应符合各省地方有关规定。

1）电源要求：

a. 居住区一级负荷应双电源供电。

b. 居住区二级负荷宜由双路供电。

c. 居住区三级负荷一般单电源供电，可视电源线路裕度及负荷容量合理增加供电回路。

2）高压供电居住区采用配电所（环网柜）和变电所方式，可采用环网、分支箱和箱式变压器方式，或两者相结合的方式实行环网供电。

3）低压供电：

a. 新建居住区，低压供电半径不宜超过 150m。

b. 0.4kV 电缆分接可采用低压分支箱，位置应接近负荷中心。

c. 变电所应装设低压无功补偿装置，箱式变压器具备条件时宜装设低压无功补偿装置。

d. 低压线路应采用三相四线制，各相负载电流不平衡度应小于 15%。

e. 低压电缆及单元接户线每套住宅进户线截面应力求简化，并满足规划、设计要求。

（9）对有特殊负荷（如电气化铁路单相整流型负荷、炼钢冲击负荷等）用户，可能会引起公共电网产生负序、谐波和电压波动、发电机组功率振荡，必须研究其对公共电网的电能质量影响，提出解决措施和解决方案，在满足 GB/T 12326—2008 电能质量　电压波动和闪变》、GB/T 12325—2008《电能质量　供电电压偏差》、GB/T 14549—1993《电能质量　公用电网谐波》等标准的条件下，方可接入系统。

（二）双电源或备用电源供电

客户双电源供电或备用电源的配置主要取决于负荷性质和客户自身生产需要以及资金状况，对于电网供电条件许可的，应尽量满足客户双电源或备用电源的需求；对于 I 级负荷，应由两个或多个电源供电。业扩部门应根据客户提供的用电负荷性质，严格审核是否需要双电源供电；对于确实需要双电源供电的客户，应在确定供电方式时明确用双电源供电，如果电网没有条件供给双电源，客户应自备发电机组。如果 I 级客户不愿意或拒绝双电源供电方案，供电公司应说服客户采用双电源供电，否则一切后果与损失应由客户承担。对于 II 级负荷，一般不批准双电源供电方式。如果客户用电量比较大，可以采用双回路供电，以保证线路检修时不会造成客户全部停电的情况。

供电线路方案选择时，除了应考虑具有最短的供电距离外，还应考虑电压质量，如图

3-4 所示，A 为电源，1～4 为负荷，当申请用电的客户在点 5 时，从图中可以看出点 5 离点 4 的距离最短，如果点 5 由点 4 架空线路 L4-5 供电，那么点 5 成为电源 A 的供电末端，电压质量就很难保证。为了解决迂回供电的不合理现象，可以从电源 A 架设 LA-5 线路，这样线路投资虽然增加了一些，但线路损耗可以减少，电压质量可以得到保证。再如图 3-5 所示，点 3 的负荷由电源 B 供电比由点 2 供电更为合理。总之，供电线路路径的选择应从技术、经济两方面来综合考虑。

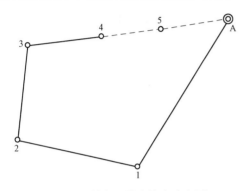 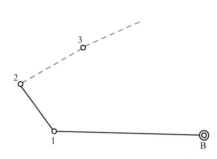

图 3-4　单电源供电线走路向图　　　　图 3-5　双电源供电线路走向图

另外，营销部门批复供电方式时，应紧密结合城市建设规划，把业扩工程与城市电网建设和改造结合起来，以减少不必要的重复投资，使电网布局既经济又合理。

四、供电可行性审查论证

（一）用电申请容量核查

电力客户申请用电是《中华人民共和国电力法》赋予客户的一项权利。为了体现供电公司服务宗旨并对客户负责，应综合客户用电申请原因，若是新增客户，按照客户提出近期申请计划和将来发展规划的计算负荷，对申请容量进行审查；若是增容客户，则应对原供电容量的使用情况等进行核查论证，测算在原有容量中通过其内部挖潜改造，有多少可利用的富余容量，对其不足部分需新增多少容量，这样就可以撤销或减少申请用电容量。

（二）供电可靠性审查

客户根据自己的生产需要和资金状况提出双路电源的需求，供电公司可以对客户进行技术指导，在供电条件许可的情况下尽量满足客户需求。另外，供电公司应该核查客户的负荷性质，如属于高危（重要）客户，则供电公司应督促客户配备电源供电，同时应自备应急电源和非电保安措施。

（三）供电可能性审查

供电可能性是确定如何供电的问题，对电力客户进行供电必要性审查后，供电公司要落实供电资源渠道，并根据客户的用电性质、用电地址、用电变压器容量及用电负荷，结合当地区域变电所的供电能力，输配电网络的现有分布情况，来确定是否具备对该客户供电的条件，即进行供电可能性的审查，当供电能力受限制时，应对相应的输、变、配电设备进行统一规划建设。

电力客户新建受电工程项目在立项阶段，事先应与供电公司联系，就工程供电的可能性、用电容量和供电条件等达成意向性协议，方可审批、确定；项目未履行上述手续的，电力公司有权拒绝受理其用电申请。

（四）供电合理性审查

根据国家的能源政策和环境保护的有关规定，审查电力客户能源使用是否合理，应严格控制使用高耗能设备；客户在设备选型配套中，是否采用用电单耗小、效率高的设备和国家推广的新技术、新工艺；对受电变压器容量在 100kVA 及以上者，应按要求进行无功补偿。

根据电力客户的用电性质和用电容量、未来电力发展规划，审查变压器申请容量是否合理。确定变压器容量时既要考虑现有负荷状况，又要考虑留有发展余地；既要满足高峰负荷时的用电需求，又要防止低谷负荷时变压器轻载、空载无功损耗大的问题；通常以客户总负荷不超过其所供配电变压器额定容量的 70%较好，并选用国家推广的低损耗变压器。

批准变压器申请容量后，要进一步论证供电电压和供电线路回路数，论证是新建变电站还是从现在已有变电站中出线，是采用架空线路供电，还是采用电力地埋电缆供电等。上述问题既是供电合理性审查的主要内容，又是确定供电方案中所要解决的问题。

第四章

配网故障与隐患处理

第一节　配网故障与隐患处理方法

一、故障处理的相关要求

（一）故障处理的原则

故障处理应遵循保人身、保电网、保设备的原则，尽快查明故障地点和原因，消除故障根源，防止故障的扩大，及时恢复用户供电。

（1）采取措施防止行人接近故障线路和设备，避免发生人身伤亡事故。

（2）尽量缩小故障停电范围和减少故障损失。

（3）多处故障时，处理顺序是先主干线后分支线，先公用变压器后专用变压器。

（4）对故障停电用户恢复供电顺序为，先重要用户后一般用户，优先恢复一、二级负荷用户供电。

（二）故障处理的要求

（1）线路上的熔断器熔断或柱上断路器跳闸后，不得盲目试送，应详细检查线路和有关设备（对装有故障指示器的线路应先查看故障指示器，以快速确定方向），确无问题后方可恢复送电。

（2）已发现的短路故障修复后，应检查故障点前后的连接点（跳档、搭头线），确无问题方可恢复供电。

（3）中性点小电流接地系统发生永久性接地故障时，应先确认故障线路，然后可用柱上开关或其他设备（负荷开关、跌落式熔断器需校验开断接地电流能力，否则应停电操作）分段选出故障段。

（4）电缆线路发生故障，根据线路跳闸、故障测距和故障寻址器动作等信息，对故障点位置进行初步判断；故障电缆段查出后，应将其与其他带电设备隔离，并做好满足故障点测寻及处理的安全措施；故障点经初步测定后，在精确定位前应与电缆路径图仔细核对，必要时应用电缆路径仪探测确定其准确路径。

（5）锯断故障电缆前应与电缆走向图进行核对，必要时使用专用仪器进行确认，在保证电缆导体可靠接地后方可工作。

（6）电缆线路发生故障，在故障未开展修复前应对故障点进行适当保护，避免因雨水、潮气等影响使电缆绝缘受损。故障电缆修复前应检查电缆受潮情况，如有进水或受潮，必须采取去潮措施或切除受潮线段。在确认电缆未受潮、分段绝缘合格后，方可进行故障部位修复。

（7）电缆线路故障处理前后都应进行相关试验，以保证故障点全部排除及处理完好。

（8）变压器一次熔丝熔断时，应详细检查一次侧设备及变压器，无问题后方可送电；一次熔丝两相熔断时，除应详细检查一次侧设备及变压器外，还应检查低压出线以下设备的情况，确认无故障后才能送电。

（9）变压器、油断路器等发生冒油、冒烟或外壳过热现象时，应断开电源，待冷却后处理。

（10）配电变压器的上一级开关跳闸，应对变压器做外部检查和内部测试后才可恢复供电。

（11）中压开关站、环网单元母线电压互感器发生异常情况（如冒烟、内部放电等），应先用开关切断该电压互感器所在母线的电源，然后隔离故障电压互感器。不得直接拉开该电压互感器的电源隔离开关，其二次侧不得与正常运行的电压互感器二次侧并列。

（12）中压开关站、环网单元母线避雷器发生异常情况（如内部有异声）的处理方法同母线电压互感器故障处理方法。

（13）操作开关柜、环网柜开关时应检查气压表，在发现 SF_6 气压表指示为零时，应停止操作并立即汇报，等候处理。

（14）线路故障跳闸但重合闸成功，运行单位应尽快查明原因。

（15）电气设备发生火灾时，运行人员应首先设法切断电源，然后再进行灭火。

二、架空线路故障分析诊断

（一）配电线路故障类型与判断

1. 配电线路故障类型

配电线路常见的故障现象主要有短路、缺相、接地等故障；从继电保护动作来判断线路故障主要有三个类型，即速断、过流、接地。

（1）速断。故障范围在线路上端，由三相短路或两相短路造成。主要原因有线路充油设备（如油断路器、电力电容器、变压器等）短路、喷油，春季鸟巢危害，雨季雷电、暴风雨的影响，电杆或拉线受外力破坏，伐树砸住导线等自然灾害或人为因素。

（2）过流。故障范围在线路下端，由用电负荷突然性增高，超出了线路保护的整定值或三相短路或两相短路造成。原因与速断故障基本相同。速断、过流由于故障范围较小，故障原因清晰，查找起来比较容易。

（3）接地。全线路范围内均会发生此类故障，可分为永久性接地和瞬时性接地两种。主要原因有断线、绝缘子击穿、线下树木等原因导致多点泄漏。接地故障由于范围较大，故障原因不明显，有时必须借助仪表仪器才能确定故障原因。

2. 根据保护动作特点判断线路故障性质和地段

（1）电流速断保护动作跳闸：电流速断一般发生在系统最大运行方式下短路时，保护范围最大，占线路全长的50%左右；而当线路处于最小运行方式时，保护范围最小，占线路全长的15%～20%。因此，电流速断保护装置动作跳闸，说明故障点一般位于线路前段（靠近变电站侧）。

（2）过流保护装置动作跳闸：过流保护的保护范围为被保护线路的100%。但通常过流保护装置同时设有延时继电器，在与速断保护装置配合使用时，一般在线路后段发生故障时才动作跳闸。

（3）电流速断保护与过流保护同时动作跳闸：此种情况一般说明故障点位于速断保护与过流保护的共同范围，故障点大多位于线路中段。

因此，变电站断路器跳闸后，要及时调查继电保护动作情况，根据继电保护装置的动作类型及特点，对故障性质及范围进行大致定位。

在事故巡线时，除重点巡查大致故障范围外，其他地段也要巡查，以免遗漏故障点，延长事故处理时间。

3. 事故巡线口诀

线路故障停了电，保护动作巧判断；

速断动作查前端，约为全长数一半；

过流动作值较小，故障较远在后边；

速断过流同跳闸，故障位于线中间。

（二）接地故障分析诊断

线路一相的一点对地绝缘性能丧失，该相电流经由此点流入大地，称为单相接地。单相接地是电气故障中出现最多的故障，它的危害主要在于使三相平衡系统受到破坏，非故障相的电压升高到原来的$\sqrt{3}$倍，很可能会引起非故障相绝缘的破坏。10kV系统为中性点不接地系统，即为小电流接地系统。

1. 接地故障的判断

（1）接到值班调度员关于线路接地通知后，要掌握以下两个问题，以便对接地情况做出进一步分析：

1）哪相接地，各相接地电压数值是多少？

2）数值变化情况，数值是在不断变化还是稳定的？

a. 首先排除变电所绝缘监视装置本身故障。

b. 如果是一相对地电压为零，另两相对地电压正常，则可以判断为绝缘装置故障或TV断线。

c. 如果一相对地电压为零或升高，另两相电压升高或降低，则可以判断为线路接地或断线。

（2）在判断接地故障时，要将线路缺相和接地区分开来。

1）线路上跌落式熔断器断一相或高压发生断相，被断开的线路又较长，绝缘监测装置等发生指示值不平衡，信号与接地情况类似。

2）三相对地电压不平衡，但又无明显接地特征时，应设法与线路末端用户联系，确定用户电压是否正常。

3）通过查询末端用户上的电压是否平衡来判断是高压缺相还是非金属性接地。断线用户只有两相电，接地用户负荷电压变化不明显。

（3）真假接地信号的判断。

1）电压互感器一相高压熔断器熔断，发出接地信号。发生接地故障时，故障相对地电压降低，另两相升高，线电压不变。而高压熔断器一相熔断时，对地电压一相降低，另两相不会升高，线电压则会降低。

2）用变压器对空载母线充电时，断路器三相合闸不同期，三相对地电容不平衡，使中性点位移，三相电压不对称，发出接地信号。这种情况只有在操作时发生，只要检查母线及连接设备无异常，即可判定，投入一条线路或一台所用变压器，信号即可消失。

3）系统中三相参数不对称，消弧线圈的补偿度调整不当，倒闸运行方式时，会发出接地信号。此情况多发生在系统中倒闸运行方式操作时，经汇报调度，在相互联系时，了解到可先恢复原运行方式，消弧线圈停电，调整分接开关，然后重新投入，倒闸运行方式。

4）在合空载母线时，可能激发铁磁谐振过电压，发出接地信号。此情况也发生在倒闸操作时，可立即送上一条线路，破坏谐振条件，消除谐振。

2. 发生单相完全接地故障时的特征

（1）在电压数值上，故障相对地电压变为零；非故障相对地电压升高 $\sqrt{3}$ 倍，变为线电压。

（2）在电压相位关系上，非故障相（剩余的两相）对地电压的夹角变为 $60°$。

（3）故障相对地电流升高了 3 倍，非故障相对地电容电流升高了 $\sqrt{3}$ 倍。而两非故障相对地电容电流的夹角变为 $60°$。

（4）中性点不接地系统中发生一相接地时，线电压的大小和相位差仍保持不变，三相用电设备的正常工作也不会受到破坏。规程规定允许暂时继续运行 2h。在此 2h 内，应迅速找出故障点，恢复三相线路的绝缘，否则 2h 后也应将该线路停电。

3. 发生线路非完全性接地的特征

（1）金属性接地：一相对地电压接近零值，另两相对地电压升高 $\sqrt{3}$ 倍。

1）若在雷雨季节发生，可能是绝缘子被雷击穿，或导线被击断，电源侧落在比较潮湿的地面上引起的。

2）若在大风天气此类接地，可能是金属物被风刮到高压带电体上，或变压器、避雷器、开关等引线刮断形成接地。

3）如果在良好的天气发生，可能是外力破坏，扔金属物、车撞断电杆等，或高压电缆击穿等。

（2）非金属性接地：一相对地电压降低，但不是零值，另两相对地电压升高，但没升

高到 $\sqrt{3}$ 倍。

1）若在雷雨季节发生，可能是导线被击断，电源侧落在不太潮湿的地面上引起的，也可能树枝搭在导线上与横担之间形成接地。

2）变压器高压绕组烧断后碰到外壳上或内层严重烧损主绝缘击穿而接地。

3）绝缘子绝缘电阻下降。

4）观察设备绝缘子有无破损，有无闪络放电现象，是否有外力破坏等因素。

（3）非金属接地及高压断相：一相对地电压升高，另两相对地电压降低。

1）高压断线，负荷侧导线落在潮湿的地面上，没断线两相通过负载与接地导线相连，构成非金属型接地，对地电压降低，而断线相对地电压反而升高。

2）高压断线未落地或落在导电性能不好的物体上，或线路上熔断器熔断一相，被断开线路又较长，造成三相对地电容电流不平衡，促使二相对地电压也不平衡，断线相对地电容电流变小，对地电压相对升高，其他两相相对较低。

3）配电变压器烧损相绕组碰壳接地，高压熔丝又发生熔断，其他两相又通过绕组接地，所以烧损相对地电压升高，另两相降低。

（4）配电变压器烧损后又接地：三相对地电压数值不断变化，最后达到一稳定值或一相降低另两相升高，或一相升高另两相降低。

1）某相绕组烧损而接地初期，该相对地电压降低，另两相对地电压升高，当烧损严重后，致使该相熔丝熔断或两相熔断，虽然切断故障电流，但未断相通过绕组而接地，又演变成一相对地电压降低，另两相对低电压升高。

2）平时就存在绝缘缺陷的绝缘子首先发生放电，最后击穿。

（5）金属性瞬间接地：一相对地电压为零值，另两相对地电压升高 $\sqrt{3}$ 倍，但很不稳定，时断时续。

1）落在高压带电体上的金属物及已折断的变压器、避雷器、开关引线，接触不牢固，时而接触时而断开，形成瞬间接地。

2）高压套管脏污或有缺陷发生闪络放电接地，放电电弧是断续的，形成瞬间接地。

（6）异相异地同时接地：在线路发生单相接地时，非故障相的对地电压将会迅速升高，视接地程度不同，最高可升至正常时对地电压的 $\sqrt{3}$ 倍，有可能击穿正常相的绝缘薄弱环节，形成两点对地短路。

1）系统发生单相接地时出现的电弧放电，破坏了系统原来相对稳定的运行方式并引发振荡，使故障相和正常相均产生危险的过电压。

2）配电系统内，断路器、隔离开关的混合操作，改变了电网的能量分配和传递方式，会产生操作过电压。特别是线路断路器在数十毫秒的瞬间分断高达几千甚至上万安培的短路冲击电流，这种在极短时间内进行的复杂的磁能量转换必定会产生极高的过电压，这无疑是最危险的。

3）系统中还大量使用互感器、电抗器等具有铁芯和绕组的设备。上述几种过电压的产生会使铁芯迅速饱和，引起铁磁谐振，造成更危险的谐振过电压。

4. 发生线路非完全性接地的特征

上述几种过电压现象一旦发生，在极短的暂态过程中，可能是一种，也可能是同时几种的相互作用，产生高于正常电压数倍的危险过电压，对系统中绝缘薄弱的电气元件产生致命的打击。这是引发同一线路感应另外线路产生故障的主要诱因。而同一线路或另外线路若存在难以承受过电压的薄弱环节，将最终被击穿，造成故障。至于过电压在两条线路之间的接通，是通过 10kV 母线在极短时间内完成的。

5. 线路接地故障的查找

（1）查找口诀：

接地故障巧判断，一低两高三不变。

负荷断线又接地，一高二低也常见。

断线接地难分辨，用户电压分明显。

断线只有两相电，接地用户不明显。

（2）人工巡线法：首先分析线路的基本情况，包括线路环境（有无树）、历史运行情况（原先经常接地），判断可能接地点。

（3）分段选线法：如果线路上有分支开关，为尽快查找故障点，可用分断分支开关、分段开关的办法缩小接地故障范围。

1）先拉分支开关，断开后用验电笔检验电源测电压，判断故障点是否在停电分支线上。

2）切除所有分支线后，接地故障仍未消除，可切除线路分段开关。

3）拉开开关判断隐形接地。经逐杆查找未查到故障点，则可能为隐形接地，属避雷器或变压器内部接地的可能较大。对于由于绝缘子击穿形成隐形故障，查找起来比较困难，可通过测量绝缘电阻办法查找。

（4）整体绝缘电阻测量法。线路整体绝缘测量法比较适用于长度较短，配电变压器数量较少，没有交叉跨越其他 10kV 及以上线路的 10kV 线路。线路整体绝缘测量法实施前应首先采取安全措施，确保无向试验线路倒送电的可能性，特别是在工作线路两端不能挂短路接地线的情况下保证人身安全。在线路的最大分段点（能将线路分成前后长度最接近的断点）两侧测量，当然，也可以将符合以上条件的某一支线视作整体线路绝缘电阻测量。

1）在判断故障段的故障相前，应确保线路配电变压器和电容器均被可靠断开，否则绝缘电阻表分别摇测的三相绝缘值其实是三相相通的绝缘值，比真正的单相绝缘值要小很多。

2）在线路预防性试验中，晴天摇测绝缘电阻时经验值大于 100MΩ 为合格。若在晴天摇测中配电变压器开关没有被拉开，则经验值大于 50MΩ 即为合格。单只悬式绝缘子（300MΩ）和支柱绝缘子（500MΩ），在晴天线路接地故障查找中测得的绝缘值，统计经验是低于 40MΩ 为不合格，若测试中配电变压器开关没有被拉开，则低于 30MΩ 为不合格。

3）对于具体的某条线路的某段，应与最近一次预防性试验的绝缘值进行纵向比较，若绝缘值有较大幅度的下降，则可确定为绝缘损坏。对于线路分断点较少的线路，可在线路中间解开耐张杆引流线，将悬式绝缘子两侧视作开断点，分别在两侧摇测绝缘电阻来判断接地故障点。

（5）线路绝缘抽查摇测法。

1）对于存在交叉跨越或邻近有其他带电线路，不挂接地线无法保证工作人员安全的线路，宜用抽查摇测法进行绝缘测量。

2）根据线路运行的时间长短和事故分析结果，对可能出现故障的线路的绝缘子应及时进行一定数目的绝缘抽样摇测检查，即将可疑段的绝缘子分批抽样，现场更换下来后就地进行绝缘测量，以评价该条线路的绝缘状况。绝缘抽查摇测的重点是避雷器和针式绝缘子。

3）10kV 线路相与相之间，以及相与地之间的绝缘电阻最小为 10MΩ，否则为不合格。

4）口诀：

> 线路故障测绝缘，低于四十不健康；
>
> 配变开关没拉开，三十以下不安全。
>
> 单个悬垂测绝缘，三百兆欧是界限；
>
> 针式瓷瓶五百兆，数值若低有隐患。

（三）短路故障分析诊断

10kV 架空线路短路故障分线路瞬时性短路故障（一般是断路器重合闸成功）和线路永久性短路故障（一般是断路器重合闸不成功）两类。常见故障有：线路金属性短路故障，线路引跳线断线弧光短路故障，跌落式熔断器、隔离开关弧光短路故障，小动物短路故障，雷电闪络短路故障，线路受外力破坏短路故障等。

不管线路出现的故障是瞬时性或永久性的，断路器重合闸成功与否，都必须对故障线路进行事故巡查，查找出事故发生的原因，特别是对可能发生的故障点的判断尤为关键，它是能否快速隔离故障、恢复供电的前提。

1. 短路故障判断

（1）根据变电所保护动作来判断，即电流速断或限时速断和过电流保护，根据变电所熔断器保护动作情况进行初步判断。

1）如果线路电流速断保护动作，则可以判断故障点一般是线路两相或三相直接短路引起，且故障点在主干线或离变电所较近的线路可能性较大。因为速断或限时速断保护动作的启动电流较大，它是按最大运行方式（即躲过下一条线路出口短路电流）来整定的，故这种故障对线路及设备的损害较大，如线路金属性短路或雷击短路等。

2）如果线路过流保护动作，一般属非金属性短路或线路末端分支线路短路引起。

（2）根据线路断路器保护动作来判断。如果配电线路上设置了多级自动化断路器，那么可以根据线路断路器动作来判断。因为线路柱上断路器一般只设一种过流保护（最大时限为 0.2s），且是采用逐级增加的阶梯形时限特性，故可以根据线路断路器保护动作逐级来判断是属哪段线路发生故障。

2. 线路短路故障的查找

（1）故障查找的总原则是：先主干线，后分支线。对经巡查没有发现故障的线路，可以在断开分支线断路器后，先试送电，然后逐级查找恢复没有故障的其他线路。

（2）一条 10kV 线路主干线及各分支线一般都装设柱上断路器保护，理论上来讲，如果各级开关时限整定配合得很好，那么故障段很容易判断查找。

（3）对装有线路短路故障指示器的架空线，还可借助故障指示器的指示来确定故障段线路。

（4）在发生变电所断路器跳闸的时候，首先应查看主干线柱上分段断路器及各分支线柱上断路器是否跳闸，然后对跳闸后的线路，对照上面讲过的可能发生的各种故障进行逐级查找，直到查出故障点。

当查出故障点后，即认为只要对故障点进行抢修后，线路就可以恢复供电，而中止了线路巡查，这是非常错误的。因为当线路发生短路故障时，短路电流还要流经故障点上面的线路，所以对线路中的薄弱环节，如线路分段点、断路器 T 接点、引跳线，会造成冲击而引起断线，所以还应对有短路电流通过的线路全面认真巡查一遍。

3. 缺相故障分析诊断

抢修人员接到调度员通知后，要将高压缺相与非金属性接地区分开来，通过查询末端用户上的电压是否平衡来判断（智能公用配变监测系统）。

（1）高压 a 相缺相时，配电变压器低压侧 a 相电压为零，其余两相 b、c 相的电压为原电压的 0.866 倍，大约为 190V。表现在电灯负载上，a 相电灯熄灭，b、c 两相电灯亮度比正常时较暗（日光灯可能不能启动）。

事实上，受配电变压器铁芯中不平衡磁通的影响，配电变压器低压侧 a 相绕组会感应出电压，其大小取决于穿过 a 相绕组磁通的大小。这个电压在一定条件下（如 b、c 两相负荷很不相等，a 相负荷很小等），可能电灯灯丝发红（微红），肉眼可见。

（2）配电变压器低压侧缺相或一相熔断器熔断故障现象。

1）带电灯负荷负载：未熔断相电压正常，熔断相电压为零。

2）带电灯和电动机负载（Y 接）：未熔断相电压正常，熔断相电压严重不足，电灯亮度变暗，当把电动机退出运行，熔断相电灯立即熄灭。

4. 线路缺相故障的查找

线路缺相故障查找比较简单，确认也比较方便，故障点判断为用户侧电压正常与不正常之间。

三、电缆线路故障分析诊断

（一）电缆线路故障原因

（1）外部损伤。例如：电缆敷设安装不合格，容易造成机械损伤，民用建设也容易损坏电缆。有时损伤不严重，要几个月甚至几年可能才会导致损伤部位彻底击穿；有时损伤严重，可能发生短路故障，直接影响到电气单元。

（2）绝缘受潮。例如：电缆接头制作不合格和在潮湿的气候做接头，会使接头进水或水蒸气，在电场的作用下与地层水树混合，绝缘强度逐渐降低造成电缆损坏。

（3）化学腐蚀。电缆直接埋在有酸碱相互作用的区域，长期遭受化学或电化学腐蚀，造成电缆的铠装、铅皮或外护层被腐蚀，导致保护层失效，绝缘降低，也会导致电缆故障。

（4）长期超负荷运行。超负荷运行，负载电流通过电缆时产生的热效应将不可避免地导致导体发热，同时，电荷的集肤效应和钢铠的涡流损耗、介质损耗也会产生额外的热量，从而使电缆温度升高。长期超负荷运行，过高的温度会加速绝缘的老化，以至绝缘被击穿。尤其在炎热的夏季，电缆故障特别多。

（5）电缆接头故障。电缆接头是电缆线路中最薄弱的环节，由人员直接过失（施工不良）引发的电缆接头故障时常发生。建筑工人在电缆接头的制造方法中，如果压接不紧，加热不充分，都会导致电缆头绝缘降低，从而引发事故。

（二）电缆故障性质的分类

电缆故障种类很多，可分为以下五种类型

（1）接地故障：电缆一芯主绝缘对地击穿故障。

（2）短路故障：电缆两芯或三芯短路。

（3）断线故障：电缆一芯或数芯被故障电流烧断或受机械外力拉断，造成导体完全断开。

（4）闪络性故障：这类故障一般发生于电缆耐压试验击穿中，并多出现在电缆中间接头或终端头内，试验时绝缘被击穿，形成间隙性放电通道。当试验电压达到某一定值时，发生击穿放电：而当击穿后放电电压降至某一值时，绝缘又恢复而不发生击穿，这种故障称为开放性闪络故障。有时在特殊条件下，绝缘击穿后又恢复正常，即使提高试验电压也不再击穿，这种故障称为封闭性闪络故障。

以上两种现象均属于闪络性故障。

（5）混合性故障：同时具有上述接地、短路、断线、闪络性故障中两种以上性质的故障称为混合性故障。

（三）电缆故障诊断方法

电缆发生故障后，除特殊情况（如电缆端头的爆炸故障，当时发生的外力破坏故障）可直接观察到故障点外，一般均无法通过巡视发现，必须使用电线故障测试设备进行测量，从而确定电缆故障点的位置。由于电缆故障类型很多，测寻方法也随故障性质的不同而异。在故障测寻工作开始之前，必须准确地确定电缆故障的性质。

电缆故障按故障发生的直接原因可以分为试验击穿故障和运行中发生的故障两大类。

1. 试验击穿故障性质的确定

在试验过程中发生击穿的故障，其性质比较简单，一般为一相接地或两相短路，很少有三相同时在试验中接地或短路的情况，更不可能发生断线故障。另外故障电阻均比较高，一般不能直接用绝缘电阻表测出，而需要借助耐压试验设备进行测试。其方法如下：

（1）在试验中发生击穿时，对于分相屏蔽型电缆均为一相接地，对于统包型电缆，则应将未试相地线拆除，再进行加压。如仍发生击穿，则为一相接地故障；如果将未试相地线拆除后不再发生击穿，则说明是相间故障，此时应将未试相分别接地后再分别加压，查验是哪两相之间发生短路故障。

（2）在试验中当电压升至某一定值时，电缆绝缘水平下降，发生击穿放电现象；当电压降低后，电缆绝缘恢复，击穿放电终止，这种故障即为闪络性故障。

2. 运行故障性质的确定

运行电缆故障的性质和试验击穿故障的性质相比比较复杂，除发生接地或短路故障外，还可能发生断线故障。因此，在测寻前还应做电缆导体连续性检查，以确定是否为断线故障。

确定电缆故障的性质，一般应用绝缘电阻表和万用表进行测量并做好记录。

（1）先在任意一端用绝缘电阻表测量 A—地、B—地及 C—地的绝缘电阻值，测量时另外两相不接地，以判断是否为接地故障。

（2）测量各相间 A—B、B—C 及 C—A 的绝缘电阻，以判断有无相间短路故障。

（3）分相屏蔽型电缆（如交联聚乙烯电缆和分相铅包电缆）一般均为单相接地故障，应分别测量相对地的绝缘电阻。当发现两相短路时，可按两个接地故障考虑。在小电流接地系统中，常发生不同两点同时发生接地的"相间"短路故障。

（4）如用绝缘电阻表测得电阻为零时，应用万用表测出各相对地的绝缘电阻和各相间的绝缘电阻值。

（5）如用绝缘电阻表测得电阻很高，无法确定故障相时，应对电缆进行直流电压试验，判断电缆是否存在故障。

（6）因为运行电缆故障有发生断线的可能，所以还应做电缆导体连续性是否完好的检查。其方法是在一端将 A、B、C 三相短接（不接地），到另一端用万能表的低阻挡测量各相间电阻值是否为零，检查是否完全通路。

四、隐患的定义与分级

安全隐患是指安全风险程度较高，可能导致事故发生的作业场所、设备设施、电网运行的不安全状态、人的不安全行为和安全管理方面的缺失。

根据可能造成的事故后果，安全隐患分为Ⅰ级重大事故隐患、Ⅱ级重大事故隐患、一般事故隐患和安全事件隐患四个等级。安全隐患指Ⅰ级重大事故隐患、Ⅱ级重大事故隐患、一般事故隐患和安全事件隐患的统称（Ⅰ级重大事故隐患和Ⅱ级重大事故隐患合称重大事故隐患）。

（一）Ⅰ级重大事故隐患

指可能造成以下后果的安全隐患：

1）1、2级人身、电网或设备事件；

2）水电站大坝溃决事件；

3）特大交通事故，特大或重大火灾事故；

4）重大以上环境污染事件。

（二）Ⅱ级重大事故隐患

指可能造成以下后果或安全管理存在以下情况的安全隐患：

1）3～4级人身或电网事件；

2）3级设备事件，或4级设备事件中造成100万元以上直接经济损失的设备事件，或造成水电站大坝漫坝、结构物或边坡垮塌、泄洪设施或挡水结构不能正常运行的事件；

3）5级信息系统事件；

4）重大交通，较大或一般火灾事故；

5）较大或一般等级环境污染事件；

6）重大飞行事故；

7）安全管理隐患，如安全监督管理机构未成立，安全责任制未建立，安全管理制度、应急预案严重缺失，安全培训不到位，发电机组（风电场）并网安全性评价未定期开展，水电站大坝未开展安全注册和定期检查等。

（三）一般事故隐患

指可能造成以下后果的安全隐患：

1）5～8级人身事件；

2）其他4级设备事件，5～7级电网或设备事件；

3）6～7级信息系统事件；

4）一般交通事故，火灾（7级事件）；

5）一般飞行事故；

6）其他对社会造成影响事故的隐患。

（四）安全事件隐患

指可能造成以下后果的安全隐患：

1）8级电网或设备事件；

2）8级信息系统事件；

3）轻微交通事故，火警（8级事件）；

4）通用航空事故征候，航空器地面事故征候。

安全隐患与设备缺陷有延续性，又有区别。超出设备缺陷管理制度规定的消缺周期仍未消除的设备危急缺陷和严重缺陷，即为安全隐患。对规定的一个消缺周期内的设备缺陷不纳入安全隐患管理，仍由各级单位按照设备缺陷管理规定和工作流程处置。

被判定为安全隐患的设备缺陷，应继续按照公司及各级单位现有设备缺陷管理规定进行处理，同时纳入安全隐患管理流程进行闭环督办。

五、隐患的排查治理

隐患排查治理应纳入日常工作中，按照"排查（发现）—评估报告—治理（控制）—

验收销号"的流程形成闭环管理。

安全隐患排查治理工作流程如图 4-1 所示。

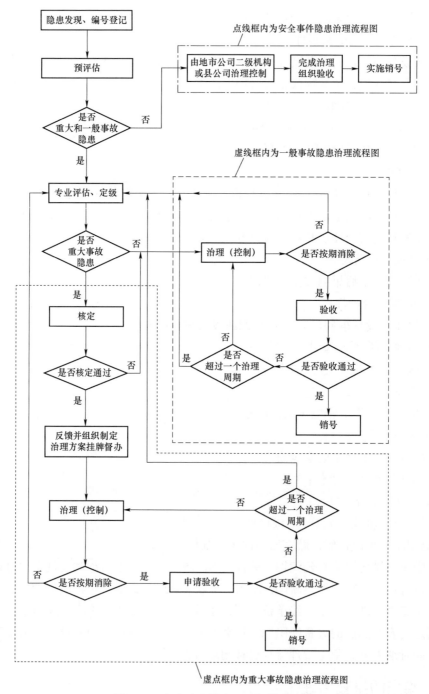

图 4-1　安全隐患排查治理工作流程图

（一）安全隐患排查（发现）

各级单位、各专业应采取技术、管理措施，结合常规工作、专项工作和监督检查工作排查、发现安全隐患，明确排查的范围和方式方法，专项工作还应制定排查方案。

（1）排查范围。应包括所有与生产经营相关的安全责任体系、管理制度、场所、环境、人员、设备设施和活动等。

（2）排查方式。主要有：① 电网年度和临时运行方式分析；② 各类安全性评价或安全标准化查评；③ 各级各类安全检查；④ 各专业结合年度、阶段性重点工作和"二十四节气表"组织开展专项隐患排查；⑤ 设备日常巡视、检修预试、在线监测和状态评估、季节性（节假日）检查；⑥ 风险辨识或危险源管理；⑦ 已发生事故、异常、未遂、违章的原因分析，事故案例或安全隐患范例学习等。

（3）排查方案编制。应依据有关安全生产法律、法规或者设计规范、技术标准以及企业的安全生产目标等，确定排查目的、参加人员、排查内容、排查时间、排查安排、排查记录要求等内容。

（二）安全隐患评估报告

（1）安全隐患的等级由隐患所在单位按照预评估、评估、认定三个步骤确定。重大事故隐患由省公司级单位或总部相关职能部门认定，一般事故隐患由地市公司级单位认定，安全事件隐患由地市公司级单位的二级机构或县公司级单位认定。

（2）地市和县公司级单位对于发现的隐患应立即进行预评估。初步判定为一般事故隐患的，1 周内报地市公司级单位的专业职能部门，地市公司级单位接报告后 1 周内完成专业评估、主管领导审定，确定后 1 周内反馈意见；初步判定为重大事故隐患的，立即报地市公司级单位专业职能部门，经评估仍为重大隐患的，地市公司级单位立即上报省公司级单位专业职能部门核定，省公司级单位应于 3 日内反馈核定意见，地市公司级单位接核定意见后，应于 24h 内通知重大事故隐患所在单位。

（3）地市公司级单位评估判断存在重大事故隐患后应按照管理关系以电话、传真、电子邮件或信息系统等形式立即上报省公司级单位的专业职能部门和安全监察部门，并于 24h 内将详细内容报送省公司级单位专业职能部门核定。

（4）省公司级单位对主网架结构性缺陷、主设备普遍性问题，以及由于重要枢纽变电所、跨多个地市公司级单位管辖的重要输电线路处于检修或切改状态造成的隐患进行评估，确定等级。

（5）跨区电网出现重大事故隐患，受委托的省公司级单位应立即报告委托单位有关职能部门和安全监察部门。

（三）安全隐患治理（控制）

安全隐患一经确定，隐患所在单位应立即采取防止隐患发展的控制措施，防止事故发生。同时根据隐患具体情况和急迫程度，及时制定治理方案或措施，抓好隐患整改，按计划消除隐患，防范安全风险。

（1）重大事故隐患治理应制定治理方案，由省公司级单位专业职能部门负责或其委托地市公司级单位编制，省公司级单位审查批准，在核定隐患后30日内完成编制、审批，并由专业部门定稿后3日内抄送省公司级单位安全监察部门备案，受委托管理设备单位应在定稿后5日内抄送委托单位相关职能部门和安全监察部门备案。

重大事故隐患治理方案应包括：① 隐患的现状及其产生原因；② 隐患的危害程度和整改难易程度分析；③ 治理的目标和任务；④ 采取的方法和措施；⑤ 经费和物资的落实；⑥ 负责治理的机构和人员；⑦ 治理的时限和要求；⑧ 防止隐患进一步发展的安全措施和应急预案。

（2）一般事故隐患治理应制定治理方案或管控（应急）措施，由地市公司级单位负责在审定隐患后15日内完成。其中，隐患治理方案由省公司级单位专业职能部门编制，并经本单位批准。

（3）安全事件隐患应制定治理措施，由地市公司级单位二级机构或县公司级单位在隐患认定后1周内完成，地市公司级单位有关职能部门予以配合。

（4）安全隐患治理应结合电网规划和年度电网建设、技改、大修、专项活动、检修维护等进行，做到责任、措施、资金、期限和应急预案"五落实"。

（5）公司总部、分部、省公司级单位和地市公司级单位应建立安全隐患治理快速响应机制，设立绿色通道，将治理隐患项目统一纳入综合计划和预算优先安排，对计划和预算外急需实施的项目须履行相应决策程序后实施，报总部备案，作为综合计划和预算调整的依据；对治理隐患所需物资应及时调剂、保障供应。

（6）未能按期治理消除的重大事故隐患，经重新评估仍确定为重大事故隐患的须重新制定治理方案，进行整改。对经过治理、危险性确已降低、虽未能彻底消除但重新评估定级降为一般事故隐患的，经省公司级单位核定可划为一般事故隐患进行管理，在重大事故隐患中销号，但省公司级单位要动态跟踪直至彻底消除。

（7）未能按期治理消除的一般事故隐患或安全事件隐患，应重新进行评估，依据评估后等级重新填写"重大（一般）事故或安全事件隐患排查治理档案表"，重新编号，原有编号销除。

（四）安全隐患治理验收销号

（1）隐患治理完成后，隐患所在单位应及时报告有关情况、申请验收。省公司级单位组织对重大事故隐患治理结果进行验收，地市公司级单位组织对一般事故隐患治理结果进行验收，县公司级单位或地市公司级单位二级机构组织对安全事件隐患治理结果进行验收。

（2）事故隐患治理结果验收应在提出申请后10日内完成。验收后填写"重大、一般事故或安全事件隐患排查治理档案表"。重大事故隐患治理应有书面验收报告，并由专业部门定稿后3日内抄送省公司级单位安全监察部门备案，受委托管理设备单位应在定稿后5日内抄送委托单位相关职能部门和安全监察部门备案。

（3）隐患所在单位对已消除并通过验收的应销号，整理相关资料，妥善存档；具备条件的应将书面资料扫描后上传至信息系统存档。

省、地市和县公司级单位应开展定期评估，全面梳理、核查各级各类安全隐患，做到准确无误，对隐患排查治理工作进行评估。定期评估周期一般为地市、县公司级单位每月一次，省公司级单位至少每季度一次，可结合安委会会议、安全分析会等进行。

（五）与用户相关的安全隐患治理

（1）由于电网限制或供电能力不足导致的安全隐患，纳入供电企业安全隐患进行闭环管理。

（2）由于用户原因导致电网存在的安全隐患，由地市或县公司级单位负责以安全隐患通知书的形式告知用户，同时向政府有关部门报告，督促用户整改，并将安全隐患纳入闭环管理，采取技术或管理措施防止对电网造成影响。

（3）用户自身存在供用电安全隐患，由地市或县公司级单位负责以安全隐患通知书的形式告知产权单位，提出整改要求，告知安全责任，做好签收记录，同时向政府有关部门报告，积极督促整改。

六、安全隐患预警

（1）建立安全隐患预警通告机制。因计划检修、临时检修和特殊方式等使电网运行方式变化而引起的电网运行隐患风险，由相应调度部门发布预警通告，相关部门制定应急预案。电网运行方式变化构成重大事故隐患，电网调度部门应将有关情况通告同级安全监察部门和相关部门。

（2）对排查出影响人身和设备安全的隐患，要分析其风险程度和后果严重性，由相关专业管理部门或作业实施单位及时发布预警通告，及时告知涉及人身和设备安全管理的责任单位。

（3）接到隐患预警通告后，涉及电网、人身和设备安全管理的责任单位应立即采取管控、防范或治理措施，做到有效降低隐患风险，保障作业人员和电网及设备运行安全，并将措施落实情况报告相关部门。隐患预警工作结束后，发布单位应及时通告解除预警。

第二节　配网故障与隐患处理注意事项

一、配网故障抢修注意事项

配网故障抢修管理遵循"安全第一、快速响应、综合协同、优质服务"的原则。

"安全第一"是指强化抢修关键环节风险管控，按照标准化作业要求，确保作业人员安全及抢修质量。

"快速响应"是指加强配网故障抢修的过程管控，满足抢修服务承诺时限要求，确保抢修工作高效完成。

"综合协同"是指各专业（保障机构）工作协调配合，建立配网故障抢修协同机制，实现"五个一"(一个用户报修、一张服务工单、一支抢修队伍、一次到达现场、一次完成故障处理)标准化抢修要求。

"优质服务"是指抢修服务规范,社会满意度高,品牌形象优良。

(一)加强配网故障紧急抢修人员、车辆严格管理

首先,配网故障紧急抢修前,抢修负责人要根据抢修的工作量迅速组织人员,且必须充足。其次,供电所线路故障发生点有一定的特殊性,抢修路途环境较城网复杂。最后,所长或安全员必须参加,按派工单及配电故障紧急抢修单执行。

故障抢修发生于紧急状态,接到故障抢修任务后,不管是前期的故障巡视、故障查找,还是后期的故障处理,供电所的抢修材料和工器具应准备充足。

(二)现场抢修中应注意的问题

(1)配电故障应急抢修现场故障巡视不能走过场,必须执行标准化作业。供电所负责人应根据线路故障情况安排巡视任务,线路运行专责人接受巡视任务。巡线工作开始前,供电所抢修负责人召开巡线人员会议,进行技术和安全交底。

出发前工作负责人要对工作巡视工器具、所派车辆、人员进行核实。派出巡线人员根据已知的故障性质和现象,分析故障位置和故障原因,再根据故障分析情况进行查找,找到故障点后应立即报告调度和上级并保护现场,并将故障发生的时间、地点、原因、处理方式及采取的安全措施等情况记入故障记录。

如故障查找工作需进行配网操作,可由故障查找工作负责人与调度部门联系,经调度许可,由故障查找人员进行操作。注意切除故障线路与非故障线路应有明显的断开点,且能保证抢修工作安全,此操作可不填写操作票。

如在故障查找中巡视人员不能自行排除,涉及线路绝缘摇测、使用接地故障查找仪探测接地故障、解耐张杆分段跳线等工作,则应等待事故抢修人员前来处理,要求做好安全措施,并在现场做好记录。此类故障查找,应由供电公司统一制定出切合现场实际的配电线路故障查找作业程序卡。

(2)强化现场监督管理,必须安全质量一起抓。现场负责人应保持清醒的头脑,严格按《电力安全工作规程》相关规定执行,严把现场安全关,做到抢修作业前"四清楚",作业现场"四到位"。出发前工作负责人组织召开抢修人员、线路运行人员参加班前会,由线路运行人员介绍故障情况。工作负责人根据故障性质向抢修人员交代安全措施和技术措施,交代危险点及控制措施。

交代工作任务,进行人员分工,明确专责监护人的监护范围和被监护人及其安全责任等,并对工作所派人员、车辆、工器具、材料进行核实。到达抢修现场后,工作负责人、工作许可人必须严格把关。现场宣读配电故障紧急抢修单,交代清楚安全注意事项,确认抢修现场,严格按照配电故障紧急抢修单做好抢修现场的各项安全措施到位后,才能许可现场抢修人员开始抢修工作。整个抢修过程必须安全质量一起抓,严格执行工作监护制度,使监护人负起保证工作人员生命安全责任人的职责。

(3)注意特殊状况下配电故障紧急抢修安全。配电故障紧急抢修现场周围环境恶劣,

不具备抢修条件的，严禁冒险进行抢修工作。雷雨天气抢修应有防滑措施，途径陡坡、险坎及丛林地段应尽量绕道行走。高温天气抢修必须注意防暑及防止蛇虫叮咬等动物咬伤。

抢修人员应配备必要的防护用具、防暑药品和饮用水；夜间抢修注意携带足够的照明用具，并加强监护；冬季抢修人员应注意保暖，防止冻伤，车辆配备防滑链，攀登有覆冰、积雪、积霜、雨水的杆塔时，应采取防滑措施等。抢修时注意劳逸结合，可以在人员充足的情况下交替工作。

除此之外，故障抢修期间应关注当地政府、气象部门发布重大自然灾害预警、事故灾难预警、社会安全事件预警等信息，供电所抢修工作负责人应根据预警要求，提前应做好事故预想，并做好机动抢修队伍随时能撤离抢修现场的准备工作。

（三）抢修结束后应注意的问题

配电故障紧急抢修结束后，首先，工作负责人应清理材料、工器具，并逐一清点工作人员是否全部离开工作现场；在配电故障紧急抢修单填写抢修工作结束时间、现场设备状况，由工作负责人及时将现场设备状况及保留安全措施均向工作许可人报告。

其次，将设备变动和抢修更改后有关的图纸资料、数据，移交供电所运行人员保存。工作负责人组织抢修人员召开班后会，分析故障原因，制订防范措施，总结工作经验，制订今后的改进措施。

二、故障报修处理规范

（一）故障报修定义

故障报修业务是指国网客服中心或各省客服中心通过95598电话、网站等渠道受理的故障停电、电能质量或存在安全隐患须紧急处理的电力设施故障诉求业务。

（二）故障报修类型

故障报修类型分为高压故障、低压故障、电能质量故障、客户内部故障四类。

高压故障是指电力系统中高压电气设备（电压等级在1kV及以上者）的故障，主要包括高压计量设备、高压线路、高压变电设备故障等。

低压故障是指电力系统中低压电气设备（电压等级在1kV以下者）的故障，主要包括低压线路、进户装置、低压公共设备、低压计量设备故障等。

电能质量故障是指由于供电电压、频率等方面问题导致用电设备故障或无法正常工作，主要包括供电电压、频率存在偏差或波动、谐波等。

客户内部故障指产权分界点客户侧的电力设施故障。

（三）故障报修分级

根据客户报修故障的重要程度、停电影响范围、危害程度等将故障报修业务分为紧急、一般两个等级。

（1）符合下列情形之一的，为紧急故障报修：

1）已经或可能引发人身伤亡的电力设施安全隐患或故障。

2）已经或可能引发人员密集公共场所秩序混乱的电力设施安全隐患或故障。

3）已经或可能引发严重环境污染的电力设施安全隐患或故障。

4）已经或可能对高危及重要客户造成重大损失或影响安全、可靠供电的电力设施安全隐患或故障。

5）重要活动电力保障期间发生影响安全、可靠供电的电力设施安全隐患或故障。

6）已经或可能在经济上造成较大损失的电力设施安全隐患或故障。

7）已经或可能引发服务舆情风险的电力设施安全隐患或故障。

（2）一般故障报修：除紧急故障报修外的故障报修。

（四）故障报修运行模式

故障报修根据受理单位不同和故障报修工单流转流程的不同分为三种运行模式。

模式一：国网客服中心受理客户故障报修业务后，直接派单至地市、县供电企业调控中心，由调控中心开展接单、故障研判和抢修派单等工作。在抢修人员完成故障抢修后，具备条件的单位由抢修人员填单，调控中心审核后回复故障抢修工单；不具备条件的单位，暂由调控中心填单并回复故障抢修工单。国网客服中心根据抢修工单的回复内容，回访客户。

模式二：国网客服中心受理客户故障报修业务后，派单至各省客服中心，由各省客服中心再派单至地市、县供电企业调控中心，由调控中心开展接单、故障研判和抢修派单等工作。在抢修人员完成故障抢修后，具备条件的单位由抢修人员填单，调控中心审核后回复故障抢修工单；不具备条件的单位，暂由调控中心填单并回复故障抢修工单。国网客服中心根据抢修工单的回复内容，回访客户。

模式三：各省客服中心受理客户故障报修业务后，直接派单至地市、县供电企业调控中心，由各调控中心开展接单、故障研判和抢修派单等工作。在抢修人员完成故障抢修后，具备条件的单位由抢修人员填单，调控中心审核后回复故障抢修工单；不具备条件的单位，暂由调控中心填单并回复故障抢修工单。各省客服中心根据抢修工单的回复内容，回访客户。

（五）故障报修业务流程

1. 故障报修受理

（1）按照模式一、二运行的单位，由国网客服中心受理客户故障报修业务，在受理客户诉求时应详细记录客户故障报修的用电地址、用电区域、客户姓名、客户户号、联系方式、故障现象、客户感知等信息。

（2）按照模式三运行的单位，由省客服中心受理客户故障报修业务，要求同上。

2. 工单派发

（1）工单整理：客服代表根据客户的诉求及故障分级标准选择故障报修等级，生成故障报修工单。

（2）工单派发：客户挂断电话后2min内，客服代表应准确选择处理单位，派发至下一级接收单位。对回退的工单，派发单位应在回退后3min内重新核对受理信息并再次派发。

3. 工单接收

（1）省客服中心应在国网客服中心下派工单后 2min 内完成接单或退单，对故障报修工单进行故障研判和抢修派单。

（2）地市、县供电企业调控中心应在国网客服中心或省客服中心下派工单后 3min 内完成接单或退单，对故障报修工单进行故障研判和抢修派单。

4. 抢修处理

（1）抢修人员接到地市、县供电企业调控中心派单后，对于非本部门职责范围或信息不全影响抢修工作的工单应及时反馈地市、县供电企业调控中心，地市、县供电企业调控中心在 3min 内将工单回退至派发单位并详细注明退单原因。

（2）抢修人员在处理客户故障报修业务时，到达现场后应及时联系客户，并做好现场与客户的沟通解释工作。

（3）抢修人员到达故障现场时限应符合：一般情况下，城区范围不超过 45min，农村地区不超过 90min，特殊边远地区不超过 120min。具备条件的单位采用最终模式，抢修人员到达故障现场后 5min 内将到达现场时间录入系统，抢修完毕后 5min 内抢修人员填单向本单位调控中心反馈结果，调控中心 30min 内完成工单审核、回复工作；不具备条件的单位采用过渡模式，抢修人员到达故障现场后 5min 内向本单位调控中心反馈，暂由调控中心在 5min 内将到达现场时间录入系统，抢修完毕后 5min 内抢修人员向本单位调控中心反馈结果，暂由调控中心在 30min 内完成填单、回复工作。国网客服中心应在接到回复工单后 24h 内回访客户。

（4）抢修人员应按照故障分级，优先处理紧急故障，如实向上级部门汇报抢修进展情况，直至故障处理完毕。预计当日不能修复完毕的紧急故障，应及时向本单位调控中心报告；抢修时间超过 4h 的，每 2h 向本单位调控中心报告故障处理进展情况；其余的短时故障抢修，抢修人员汇报预计恢复时间。

（5）抢修人员在到达故障现场确认故障点后 20min 内向本单位调控中心报告预计修复送电时间。故障未修复（除客户产权外）的工单不得回单。

（6）计量装置类故障（窃电、违约用电等除外），由抢修人员先行换表复电，营销人员事后进行计量加封及电费追补等后续工作。

（7）35kV 及以上电压等级故障，按照职责分工转相关单位处理，由抢修单位完成抢修工作，由本单位调控中心完成工单回复工作。

地市、县供电企业调控中心对现场故障抢修工作处理完毕后还需开展后续工作的应正常回单，并及时联系有关部门开展后续处理工作。

5. 故障报修回访

（1）按照模式一、二运行的单位由国网客服中心负责故障报修的回访工作，除客户明确提出不需回访的故障报修，其他故障报修应在接到工单回复结果后，24h 内完成回访工作，并如实记录客户意见及满意度评价情况。

（2）按照模式三运行的单位由省客服中心负责故障报修的回访工作，要求同上。

（3）回访时，遇客户反馈情况与抢修处理部门反馈结果不符，且抢修处理部门未提供有力证据、实际未恢复送电、工单填写不规范等情况时，应将工单回退，回退时应注明退单原因。

（4）由于客户原因导致回访不成功的，国网客服中心或省客服中心回访工作应满足：不少于 3 次回访，每次回访时间间隔不小于 2h。回访失败应在"回访内容"中如实记录失败原因。

（5）客服代表在回访客户前应熟悉工单的回复内容，将核心业务内容回访客户，不得通过阅读基层单位工单"回复内容"的方式回访客户，遇客户不方便接受回访时应与客户沟通，约定下次回访时间。

（6）原则上每日晚 21:00 至次日早 8:00 不得开展回访工作。

（六）客户内部故障处理

（1）客服代表受理客户故障报修诉求后，应详细询问故障情况，若能判断是客户内部故障，建议客户联系产权单位、物业或有资质的施工单位处理。

（2）抢修人员到达现场后，发现由于电力运行事故导致客户家用电器损坏的，抢修人员应做好相关证据的收集及存档工作，并及时转相关部门处理。

（七）故障抢修工作的总体要求

（1）现场抢修服务行为应符合《供电服务行为规范》要求，抢修调度、抢修技术标准、安全规范、物资管理等应按照国网运检部、国调中心等相关专业管理部门颁布的标准执行。

（2）故障抢修人员到达现场后应尽快查找故障点和停电原因，消除事故根源，缩小故障停电范围，减少故障损失，防止事故扩大。

（3）因地震、洪灾、台风等不可抗力造成的电力设施故障，按照公司应急预案执行。

三、配网抢修要求

（一）故障巡视、抢修处理时限要求

故障巡视、故障抢修处理时限 8h 是指从设备停运开始计算的 8 个小时（以变电站监控后台记录时间为准，其他以 95598 呼叫分中心接报时间为准）。

（二）故障巡视

（1）供电所在接收到"故障报修工单"后，首先指定故障巡视的工作负责人（工作负责人须具备资质）：由工作负责人填写"配电线路和设备巡视作业指导书"。

（2）班前会。人员出发前工作负责人对人员分工以及结合本次巡视存在的风险向工作班成员进行交底。

（3）按作业指导书完成故障巡视，巡线时要始终认为线路带电，严禁登杆检查，如未查找出故障点，应终结故障巡视工作。

（4）需登杆摇测绝缘电阻时，应按登杆作业办理作业手续，填用"10kV 故障抢修登杆塔检查和线路绝缘测试作业指导书"、线路工作接地线装拆记录、配网电气操作票、接受调度指令操作记录。

（5）如故障点已明确，直接执行故障隔离、故障抢修流程。

（三）故障点的汇报

（1）巡视人员将发现的故障巡视结果统一汇报工作负责人，由工作负责人将查找到的故障情况报供电所负责人、供电服务中心及电力调度控制中心。

（2）由供电服务中心将故障情况通过短信平台发布至分公司分管领导、运维检修部、电力调度控制中心、供电所。故障信息发布对象具体如下：

1）台变故障、低压电缆故障信息发送至供电所负责人。

2）10kV 线路故障、电缆分接箱故障信息发送至供电所负责人。

3）10kV 线路故障涉及一类用户、重要用户、特殊用户故障、环网线路（环网柜）故障信息发送至分公司分管领导、运维检修部主任、电力调度控制中心主任和供电所负责人。

（四）故障隔离（恢复非故障段客户供电）

（1）对于 10kV 故障，抢修人员应在调度机构的实时指挥下开展故障隔离操作和恢复非故障段客户供电操作（含转供电），相关班组根据需要配合开展旁路作业及应急发电相关工作；对于 0.4kV 及以下故障，抢修人员应快速确定故障隔离、恢复非故障段客户供电。故障隔离倒闸操作人员应使用配网电气操作票、接受调度指令操作记录。

（2）若故障设备属客户资产，抢修人员应将故障设备与电网隔离，恢复非故障段客户供电，并将故障信息通知客户，同时将故障信息传递至供服中心和调度机构。

（五）故障抢修

（1）供电所在开始进行故障抢修工作时，首先指定具备资格的人员担任故障抢修的工作负责人即停复电联系人。故障抢修工作中填写"事故应急抢修单"及相应的作业指导书、"线路工作接地线装拆记录"。

（2）班前会。由工作负责人根据故障信息明确工作任务、工作地点、人员分工、安全措施，检查抢修材料、工器具、安全工器具准备，结合抢修存在的风险向工作班成员交代安全注意事项。多班组工作时，开工前工作负责人向各分组工作负责人进行现场安全技术交底，再由各分组工作负责人根据本小组工作的地点、环境向各自工作组成员进行现场安全技术交底。

（3）外单位进入电网作业前，运行部门应对外单位人员进行书面安全技术措施交底，并双方签字确定。

（4）在已投入运行的电气设备及电气场所工作时，应由工作负责人填写工作票或抢修工单，并提出正确完备的安全措施。

（5）严禁约时停送电，对不符合安全作业距离要求的线路必须停电，在进行更换绝缘子等邻近带电作业时，必须采取安全可靠措施。对线路停电前、抢修作业前必须核对杆塔号。停电时应有专人监护。

（6）验电行为必须规范，应有专人监护，使用相应电压等级合格的验电器，在工作地段两端分别验电，并逐相进行。对同杆（塔）的多层电力线路进行验电时，先验低压、后验高压，先验下层、后验上层。

（7）线路停电检修时，被检修线路无电压后，应立即在工作地段两端挂接地线。若因平行或邻近带电线路导致停电线路有感应电时，应加挂个人保安接地线。对同杆（塔）的多层电力线路挂接地线时，先挂低压、后挂高压，先挂下层、后挂上层。采用临时接地棒的埋地深度不得小于 0.6m，接地电阻不应超过 30Ω；如遇土壤电阻率较高的地区，应采用增加接地体数量、长度、面积和埋地深度等措施。

（8）在一经合闸即可送电到工作地点的断路器、隔离开关、跌落式熔断器的操作处，均应悬挂"禁止合闸，线路有人工作"标示牌。在城区或人口密集区施工时，工作场所周围应装设遮拦（围栏）。跨越道路施工时，应在道路来车方向设置"施工慢行"等标示牌，必要时设立管卡。

（9）在作业过程中工作人员应正确佩戴安全帽，正确穿着工作服，正确使用安全带、安全绳，应高挂低用，挂在牢固的物件上，杆塔作业转位时不得失去保护。

（10）故障抢修开工信息的接收。工作负责人在完成抢修准备工作后，将故障抢修开工信息报供服中心。

（11）故障抢修开工信息的发布。供电服务中心将接收到的故障信息通过短信平台发布至运维检修部、供电所。

（12）故障抢修完成后，由工作负责人向电力调度控中心、供电服务中心及所领导报告。

（13）由供电服务中心负责将故障抢修完成情况通过短信平台发布至分公司领导、运维检修部、电力调度控制中心。

（六）故障巡视、故障抢修作业管理

（1）所有故障巡视、故障抢修均纳入临时作业管理，但不执行临时作业审批流程。

（2）8h 以内的故障巡视及抢修管控层级为站所级，超过 8h 的故障巡视及抢修作业的临时作业管控层级为分公司部门及站所级。

四、配网故障、隐患防范措施

（1）增加配网的基础设施升级改造工程建设，使变电所的布置、线路的安排更加科学、合理。在施工中严格审查工艺水平，对容易出现问题的地方重点监督，提高线路的绝缘化水平，大力推广使用绝缘导线。对于施工中发现的缺陷隐患要及时消除，对设计、施工不合格的要予以返工。

（2）在配网上合理加装柱上断路器，缩小故障范围，减少停电面积和停电时间，有利于快速查找故障。设置断路器保护定值，防止线路因故障越级。安装位置要便于巡视检查，便于操作；避免断路器停电时涉及面积过大；断路器处要配备避雷器。

（3）针对不同的季节，安排不同的工作重点。如在雷雨季节到来前，对线路、开关及配电变压器内的避雷器进行绝缘电阻、工频放电电压试验，对不合格或有缺陷的避雷器要进行更换。对个别档距较大的线路，在风季来临前，应及时检查线路弧垂及风偏。掌握大风规律，平日积累易受风灾地区有关风力、方向季节性资料，采取有效防风措施，提高设计防风等级，如加装防风拉线、推广窄基铁塔的使用等。在雷季来临之前，要认真检查台区的避雷装置，及时校验和更换不符合运行要求的避雷器，在柱上开关、电缆头等处安装避雷器。

（4）为杜绝或减少车辆碰撞杆塔事故，可以在交通道路的杆塔上涂上醒目的反光漆，在拉线上加套反光标志管，以引起车辆驾驶员的注意。对遭受过碰撞的杆塔，可设置防撞混凝土墩，并刷上反光漆。做好保护配网的宣传工作。向广大群众，尤其是农村人员宣传保护线路的重要性，告知私自偷取电力设备和破坏线路的法律责任。针对违章建筑进行解释、劝阻、下发隐患通知书，并抄送市政府安全部门备案，以明确责任。与城建、规划部门加强联系，配合做好安全生产中的规划、设计、施工等工作，不留电力事故隐患。

（5）运行人员应从运行角度考虑，按要求按时巡视设备，及时、准确提供设备缺陷，为检修试验提供依据；及时发现事故隐患，及时检修，从而降低线路故障率。为此，运行人员应做到"三熟三能"，在严、勤、细、熟上下功夫。

（6）对用户设备的管理不能放松。高压用户设备故障引起跳闸事故占总数的16.66%，要减少此类事故可采取措施如下：① 与用户签订设备防护协议，明确产权分界点；② 在高压用户设备进户杆上安装有过流保护装置的开关，对高压用户进行定期检查，并要求高压用户按规程做好设备的预防性试验，及时消除设备缺陷，防止设备带病运行；③ 对重大设备缺陷及时下发通知书，阐述设备故障对自身带来的危害，改善用户电力设备的运行水平，并报送政府安全部门。

（7）加强日常巡视检查，通过巡视检查及时发现缺陷故障，以便采取防范措施，保障线路的安全运行。巡视人员应将发现的缺陷记入记录本内，并及时报告上级。

1）架空线路巡视检查主要包括以下内容：

a. 沿线路的地面是否堆放有易燃、易爆或强烈腐蚀性物质；沿线路附近有无危险建筑物，有无在雷雨或大风天气可能对线路造成危害的建筑物及其他设施；线路上有无树枝、风筝、鸟巢等杂物，如有应设法清除。

b. 电杆有无倾斜、变形、腐朽、损坏及基础下沉等现象；横担和金具是否移位、固定是否牢固、焊缝是否开裂、是否缺少螺母等。

c. 导线和避雷线有无断股、背花、腐蚀外力破坏造成的伤痕；导线接头是否良好，有无过热、严重氧化、腐蚀痕迹；导线对地、邻近建筑物或邻近树木的距离是否符合要求。

d. 绝缘子有无破裂、脏污、烧伤及闪络痕迹；绝缘子串偏斜程度、绝缘子铁件损坏情况如何。

e. 拉线是否完好、是否松弛、绑扎线是否紧固、螺丝是否锈蚀等。

f. 保护间隙（放电间隙）的大小是否合格；避雷器瓷套有无破裂、脏污、烧伤及闪络痕迹，密封是否良好，固定有无松动；避雷器上引线有无断股、连接是否良好；避雷器引下线是否完好、固定有无变化、接地体是否外露、连接是否良好。

2）电缆线路巡视检查：电缆线路的定期巡视一般每季度一次；户外电缆终端头每月巡视一次。

a. 直埋电缆巡视检查内容：线路标桩是否完好；沿线路地面上是否堆放矿渣、建筑材料、瓦砾、垃圾及其他重物，有无临时建筑；线路附近地面是否开挖；线路附近有无酸、碱等腐蚀性排放物，地面上是否堆放石灰等可构成腐蚀的物质；露出地面的电缆有无穿管保护，保护管有无损坏或锈蚀，固定是否牢固；电缆引入室内处的封堵是否严密；洪水期间或暴雨过后，巡视附近有无严重冲刷或塌陷现象等。

b. 沟道内的电缆线路巡视检查内容：沟道的盖板是否完整无缺；沟道是否渗水、沟内有无积水、沟道内是否堆放有易燃易爆物品；电缆铠装或铅包有无腐蚀，全塑电缆有无被老鼠啮咬的痕迹；洪水期间或暴雨过后，巡视室内沟道是否进水，室外沟道泄水是否畅通等。

c. 电缆终端头和中间接头巡视检查内容：终端头的瓷套管有无裂纹、脏污及闪络痕迹，充有电缆胶（油）的终端头有无溢胶（漏油）现象；接线端子连接是否良好，有无过热迹象；接地线是否完好、有无松动；中间接头有无变形、温度是否过高等。

d. 明敷的电缆巡视检查内容：沿线的挂钩或支架是否牢固；电缆外皮有无腐蚀或损伤；线路附近是否堆放有易燃、易爆或强烈腐蚀性物质等。

第三节 配网故障处理案例分析

本节着重从设备本体故障、用户设备故障、外力破坏、自然灾害、质量问题及安装工艺等方面列举配网故障案例，每起案例都详细介绍了故障基本情况、故障推演过程，同时为保证配网安全运行提出了相应的建议和意见。

一、设备本体故障

【案例一】低压短路造成低压配电箱故障

1. 故障基本情况

2018年12月4日18时35分，某10kV线路030变压器配电箱着火，造成该变压器一次熔丝两相掉落。抢修人员将配电箱拆除后，试送变压器一次熔丝，测量低压侧电压正常。18时40分，该路上级电源开关零序Ⅰ段跳闸，重合不成功，试送零序Ⅱ段跳闸不成功，发现该变压器故障喷油。

故障变压器为某厂家2018年8月生产的S13—M—315/10型油浸式变压器，投运时间为2018年12月2日，联结组标号为Yyn0。故障低压配电柜为某厂家2018年11月生产的HDJP型非金属低压无功补偿柜，投运时间为2018年12月2日。该变压器离故障发生时刻最近一次负荷测量结果如下：2018年12月3日晚间负荷电流（低压）A相为198A，B相为201A，C相为205A。

2. 故障原因分析

对该变压器进行绝缘电阻和直流电阻试验，试验情况见表4-1。通过绝缘电阻试验可判断高压绕组正常，低压绕组对地发生击穿。通过直流电阻试验可判断高压绕组正常，低压 B 相绕组短路。

表 4-1　　　　　　　　　　　　　故障变压器试验情况

绝缘电阻（MΩ）	高压对低压及地			低压对地	
	5000			0	
直流电阻（Ω）	高压侧	AB	BC		CA
		2.919	2.909		2.941
	低压侧	a0	b0		c0
		0.002 172	0.000 357		0.002 171

　　通过对该故障变压器解体发现：① 压力释放阀有喷油痕迹；② B 相低压绕组发生明显向上位移，导致变压器部分铁芯硅钢片错位；③ 铁芯硅钢片与金属夹件之间绝缘距离减少，并有明显的放电痕迹；④ B 相低压绕组匝间多处放电，且已经烧断；⑤ 三相铁芯上均有不同程度的放电痕迹。通过对低压配电柜解体发现：① 低压配电柜后柜门有明显过火痕迹，燃烧后的碳素粉末充满整个柜内；② 熔断器式隔离开关已经完全烧毁，且 C 相烧毁最为严重；③ C 相进线母线固定螺母与螺栓已完全烧毁，与其相邻的 B 相进线母线也有明显的电弧烧伤痕迹；④ C 相断路器上静触头已经完全烧毁，B 相断路器上静触头也存在严重的电弧烧蚀痕迹，A 相烧蚀痕迹相对较轻；⑤ 三相断路器下静触头均存在电弧烧蚀痕迹；⑥ B、C 两相熔断器的瓷件已经破损，测量三相熔断器均为导通状态；⑦ 出线断路器内部无放电痕迹，结构完好；⑧ 放电点处母排的电气间隙距离符合要求。B、C 相母排电气间隙为 45mm，大于 GB 7251.1—2013《低压成套开关设备和控制设备　第 1 部分：总则》中的规定值（非均匀电场 8mm，均匀电场 3mm）。故障变压器漏油至配电柜，如图 4-2 所示。

图 4-2　故障变压器漏油至配电柜

从低压配电柜的解体分析以及现场测负荷记录的结果分析，可以判断设备故障时低压配电柜馈线侧并不存在过负荷或相间短路现象，否则低压馈线开关内部会有明显的动作或过火痕迹；通过计算可知，熔断式隔离开关所配熔断器能够承受变压器二次侧的正常工作电流，且可有效阻断低压侧相间短路造成的故障电流，另在解体过程中也发现熔断器内熔丝并未烧断，可进一步说明低压配电柜的故障并不是由来自馈线端的短路电流导致；现场检查放电点附近母排的空气绝缘距离符合标准，因此可排除绝缘距离不够导致裸露母排形成相间放电的可能性。

通过解体检查可以基本断定低压配电柜故障点为熔断式隔离开关上与进线母线连接处，故障原因可能为熔断式隔离开关上静触头与动触头连接不够紧密，导致接触电阻增大，致使接触面附近热量聚集，在运行一段时间后，积蓄的热量使熔断式隔离开关外部塑料罩融化，进而导致裸露的 B、C 相母线发生相间短路，最终烧毁整个熔断式隔离开关。

变压器由于低压配电柜故障导致一次熔丝跌落，拆除故障低压配电柜后再次送电，变压器发生故障。由此可知，变压器故障与低压配电柜的故障有直接联系，低压配电柜进线母排相间短路，相当于变压器低压侧出口短路（配电变压器与低压配电箱之间通过十余米电缆相连）。由于故障点在低压熔断式隔离开关之上，其并未通过故障电流，因此无法保护变压器，导致的结果就是变压器一次熔丝动作，但此时变压器内部已经承受了故障电流的冲击，难免出现匝间或层间绝缘薄弱环节。拆除故障低压配电柜后再次送电时，必然发生变压器绕组击穿和烧毁的现象。

通过分析可知，变压器故障是由于低压配电柜内部发生相间短路，因故障点距离变压器低压侧较近，且无有效保护措施，导致故障范围扩大，造成变压器低压绕组受损，再次送电后导致变压器故障停电。

3. 结论与建议

经过试验与解体分析得出如下结论：

（1）低压配电柜故障原因为熔断式隔离开关进线母排之间发生相间短路，进而烧毁整个熔断式隔离开关，导致设备停电。

（2）配电变压器故障原因为低压绕组相间短路后使低压绕组匝间或层间绝缘减弱，再次送电后导致变压器发生停电故障。

建议梳理低压配电柜厂家同批次产品，严格开展到货检验与施工验收工作，杜绝因产品或施工质量不合格带来的隐患。

【案例二】产品质量不良造成跌落式高压熔断器故障

1. 故障基本情况

2017 年 3 月 13 日 9 时 10 分，在日常巡视中发现某配网线路 20kV 跌落式熔断器安装固定在电杆横担上的金属件与跌落式熔断器的瓷件脱离，需要全部带电进行更换，并需要对库存同类型备品组织检查试验。

2. 故障原因分析

经外观检查，熔断器绝缘粘贴处有电腐蚀迹象，初步判断为泄漏电流导致绝缘用粘贴材料产生电腐蚀。电腐蚀前后的绝缘粘贴材料如图4-3所示。

(a) 电腐蚀前　　　　　　　　　　　　　　(b) 电腐蚀后

图4-3　电腐蚀前后的绝缘粘贴材料

经试验分析,该厂家生产的熔断器泄漏电流不合格,当施加电压到13kV时即出现1μA泄漏电流,说明该跌落式熔断器产品设计不合理,绝缘瓷件部分爬电距离不够,只能用于10kV电压等级。在20kV电压等级下使用,因泄漏电流对绝缘用粘贴材料产生严重的电腐蚀,导致跌落式熔断器安装固定在电杆横担上的金属件、上桩头金属件、下桩头金属件与瓷件脱离,使设备报废。试验结果如表4-2所示。

表4-2　　　　　　　　　　某型号20kV跌落式熔断器试验结果

施加电压（kV）	12	20	35
泄漏电流（μA）	0	4	22

3. 结论与建议

（1）建议全面排查线路上的该型号20kV跌落式熔断器,加强巡视检查,发现问题及时处理。

（2）建议全部更换此型号的设备。

【案例三】锈蚀卡涩原因造成跌落式熔断器故障

1. 故障基本情况

2018年10月5日20时08分,某变电站21开关所带线路零序保护动作跳闸,重合不成功,手动试送电不成功。20时40分供电所进行现场检查,发现故障点为该路15号变压器跌落式熔断器中相保险管烧损,是该保险器未正确动作所致。20时45分甩开故障点全路恢复供电,20时55分故障变压器更换中相保险器恢复供电。事故造成故障线路全路负荷全停。

2. 故障原因分析

15号变压器中相跌落式熔断器熔丝烧断但未跌落,经现场人员检查,抱箍和底座部位有明显放电痕迹，瓷管表面无破损、裂痕。经解体发现熔管下部烧毁，内部烧蚀严重，表面有明显孔洞，熔丝（直径 1.8mm）已熔断。从熔管内部烧蚀严重、表面有明显孔洞推断是由于熔丝未能满足拉紧力要求，电弧靠近管壁烧穿，从而造成灭弧气体泄漏，不能有效灭弧造成整体烧毁。而且若熔丝未能满足拉紧力要求，会造成下静触头终端弹簧预拉伸不到位，当熔丝释放时不能提供足够力矩使熔管跌落。

从熔断器工作原理可知：熔丝熔断后，熔管在自身重力和上、下静触头终端弹簧片的作用下应迅速跌落。初步推断熔断器未能跌落原因之一应该是上部鸭嘴部位卡涩未能及时脱扣，怀疑上部鸭嘴部位由于抱箍安装问题造成熔管内部烧蚀严重，导致鸭嘴与上动触头存在一定横向角表面有明显孔洞度所致。

因故障配电变压器处于冬季重载运行条件下，低压侧熔丝未能熔断，高压跌落式熔断器熔丝熔断但熔管因设备运行老化而未正确跌落，造成熔断器高压侧对接地的金属抱箍放电，是本次故障的根本原因。

3. 结论与建议

跌落式熔断器制造、安装工艺质量粗糙导致熔管烧穿，在熔丝熔断时不能可靠跌落，故障电弧使高压侧对接地的金属抱箍放电。原因为常年不进行跌落式熔断器的维护和检修使跌落式熔断器熔管老化，活动部位产生机械卡涩，在熔丝熔断时不能可靠跌落。

（1）建议加强对老旧跌落式熔断器的巡视及红外测温，发现异常及时处理。对于老化、锈蚀严重的跌落式熔断器逐步安排更换。

（2）建议将采用金属抱箍固定支持方式的跌落式熔断器更换为采用内嵌式金属支持方式的跌落式熔断器，以避免熔管两端的高压侧对金属抱箍发生闪络放电。

（3）加强对新安装跌落式熔断器的产品入网质量及现场安装工艺的管控。

【案例四】铁磁谐振引起的电压互感器故障

1. 故障基本情况

2019 年 10 月 29 日 15 时 22 分，某开闭所 10kV Ⅱ段电压互感器和 Ⅰ段电压互感器先后发生故障。故障现象为两相固体绝缘炸裂，熔丝熔断，其中 Ⅱ段电压互感器故障后起明火，烧毁 A 相接触臂。两台电压互感器故障前均处于正常运行状态。型号为 JDZX10-10A，额定电压 10/3/0.1/3/0.1/3，额定频率 50Hz，额定输出 50/50VA，极限输出 350VA，生产日期为 2019 年 5 月。出厂报告显示，空载试验电压最高达到 190%额定电压，励磁电流线性度较好，符合国标要求。

2. 故障原因分析

故障电压互感器均发生两相绝缘开裂，Ⅱ段电压互感器为 AC 两相，Ⅰ段电压互感器为 AB 两相，故障现象均显示两台电压互感器发生严重的内部放电。此类故障可能的原因有：

（1）二次短路或二次过载。现场检查，未发现两台电压互感器二次导线或者二次端子明显过热现象，核对二次负荷也没有超过额定值 50VA，排除此种可能性。

（2）产品质量问题。固体绝缘设备在浇铸过程中，树脂中可能有气孔，一次绕组中可能有叠匝现象，后续运行时可能引起设备故障。该产品出厂报告显示局部放电试验合格，初步排除这种可能性。进一步验证可在新设备安装前进行局部放电试验。

（3）铁磁谐振。电压互感器是典型的非线性电感元件，与电网线路的对地电容形成铁磁谐振并联回路，在一定的外界激发条件下，可能形成铁磁谐振。铁磁谐振会产生谐振过电压，幅值最高可达额定电压的 3～5 倍，极易造电压互感器内部一次绕组烧毁或者外部熔断器熔断。由于电压互感器中性点直接接地，即使未满足谐振条件，电压互感器也会成为线路电荷的泄放通道，单相接地恢复时，未接地相的电容电荷将在电压互感器上产生浪涌电流，引起电压互感器熔丝熔断，甚至绕组绝缘损坏。

该开闭所为电缆进线，线路呈容性，与电压互感器客观存在铁磁谐振的发生条件，由于电容值比非电缆线路大，根据谐振理论，易发生分频（频率小于 50Hz）谐振和工频谐振。电压互感器柜内配置了二次微机消谐装置，微机型消谐装置将谐波的动作电压设置得较低，以获得较好的保护效果。但是工频动作电压设置得很高，一般在 120～150V，用于防止消谐器误投入烧毁设备。这样设置导致二次消谐器对基频谐振的保护作用不尽如人意，无法抑制单相接地恢复时产生的浪涌电流。根据电力公司提供的记录，两台电压互感器烧毁时，JH 开闭所所连电缆线路上恰好发生电缆外破造成单相电缆接地。

综上，该开闭所两台电压互感器损坏的直接原因是电路中的铁磁谐振，根本原因是电压互感器回路的设计无法满足工作环境的要求，未能对电压互感器提供有效的保护。

3. 结论与建议

（1）建议加强电压互感器的铁磁谐振抑制能力，可在高压侧中性点串联消谐器，增加一次侧抑制谐振的能力。此种方法不仅能很好地限制线路单相接地恢复时产生的涌流，避免熔断器频繁熔断，还能较有效地抑制系统发生的铁磁谐振，保证相关设备安全。

（2）加装消谐器时应注意，开关柜内使用的电压互感器是分级绝缘的，需要使用分级绝缘专用的消谐器。加装一次消谐器后，二次消谐器的配置需要进行修改，应与二次消谐器厂家进行确定。开关柜内空间有限，加装消谐器前应请开关柜厂家对绝缘配合进行校核。

（3）建议加强设备管理。建立完善的设备信息记录制度，及时记录设备跳闸和故障信息，便于事后追溯。定期对设备进行试验，除常规试验外，必要时应进行诊断性试验，当 1 台母线 TV 损坏后，应对另两台母线 TV 进行感应耐压试验，确认绝缘是否良好。

二、用户设备故障

【案例一】用户线路搭头烧毁造成导线断线

1. 故障基本情况

2020 年 12 月 18 日 16 时 35 分，某线路 2 号杆柱上断路器后段发生馈线停电。16 时 55 分属地供电所抢修人员对该线路全线展开特殊巡视；17 时 05 分供电所抢修人员通过巡视发现该线路 52 号杆分支侧线路搭头发生烧毁并掉落在地，从而导致某线路发生跳闸，造成馈线停电。

17 时 14 分，供电所运维人员在调度许可后拉开该线路 44 号杆带隔离线路开关，完成故障隔离；17 时 21 分，调度将该线路出线间隔由热备用改为运行状态，该线路 44 号杆前段用户均恢复送电；18 时 40 分，现场抢修工作结束，可以恢复送电；18 时 45 分，供电所运维人员在调度许可后合上该线路 44 号杆带隔离线路开关，全线恢复送电。

2. 故障原因分析

故障直接原因是该线路 52 号杆分支侧用户负荷过大，引起分支线与主干线搭头处发热烧毁［分支侧导线规格为 LJ—50，与后段用户变压器容量（4000kVA）不匹配］，烧断的导线掉落在地，导致该线路发生线路跳闸事件，造成馈线停电。根本原因由于用户在调整运行方式（由主供电源换至备用电源）后未及时告知线路运行单位，导致未能及时更换与用电容量相匹配的导线。

3. 结论与建议

（1）建议后期安排停电计划对该分支线的导线进行更换处理，更换为与后段用户用电容量相匹配的导线规格。

（2）建议用户在调整运行方式（由主供电源换至备用电源）后及时告知线路运行单位，以便线路运行单位及时开展红外测温、无人机巡视等工作，发现异常情况及时上报并处理。

【案例二】配电房内墙隔离开关绝缘击穿

1. 故障基本情况

2020 年 1 月 31 日 10 时 35 分，某线路发生分线停电。11 时 05 分，属地供电所抢修人员对该线路全线展开特殊巡视；11 时 30 分，供电所抢修人员通过巡视发现该线路用户资产配电房内墙隔离开关上存在烧黑迹象，抢修人员判断是内墙隔离开关上的绝缘发生击穿，引起内墙隔离开关接地，导致该线路支线 9 号杆线路开关自动跳开；11 时 40 分，供电所抢修人员拉开该线路支线 5 号杆配变令克，对故障点完成隔离；11 时 45 分，供电所抢修人员合上该线路支线 9 号杆线路开关，除隔离区内其余用户均恢复送电。

2. 故障原因分析

从故障隔离开关绝缘子表面的放电痕迹来看，该处放电痕迹是由于导体直接对地产生放电后，电弧向负荷侧运动，在运动的过程中将绝缘子烧蚀。由于用户为混凝土生产企业，局部地区污秽情况较为严重，导致故障隔离开关上的绝缘护罩积污较多，加之当天天气为小雨，雨水落在绝缘护罩上将污秽溶解，绝缘护罩的绝缘性能下降，最终导致导体部分对地的绝缘距离不够，将周围的空气击穿，发生此次接地故障。

从绝缘护罩烧蚀情况来看，绝缘护罩材料阻燃性能差，隔离开关发生接地短路故障后，产生的电弧将绝缘护罩烧损，绝缘护罩烧损部位与隔离开关起始放电点的位置一致。墙隔离开关绝缘击穿后的烧黑痕迹如图 4-4 所示。

3. 结论与建议

用户设备质量存在问题，高压营销人员对用户管控不到位，同时反映出用户电工缺乏对设备的日常运维、缺乏责任意识等问题。

（1）建议高压营销人员加强对专变用户的管控，无加热除湿设备的一律出具相关整改建议书，发现问题及时对用户进行消缺整改。

图 4-4　墙隔离开关绝缘击穿后的烧黑痕迹

（2）建议用户加强对自身用电设备的日常运维，加强内部电工的责任意识，对发生老化和存在隐患的设备及时进行更换，防患于未然。

（3）建议用户在采购时选择质量可靠且使用寿命较长的用电设备，从源头上解决设备质量问题。

【案例三】绝缘击穿导致智能开关自动分闸

1. 故障基本情况

2019 年 10 月 8 日 18 时 41 分，某供电所工作人员接到抢修电话，10kV 某线路某支线上的工业用户发生停电。18 时 59 分，属地供电所抢修人员迅速赶至故障现场，发现该线路 3 号杆智能开关已分闸，并看到工业用户厂内墙隔离开关上的熔丝已经烧断，抢修人员初步判断原因为用户配电房内的变压器绝缘被击穿，引起该线路 3 号杆智能开关自动分闸。墙隔离开关熔丝烧断如图 4-5 所示。

图 4-5　墙隔离开关熔丝烧断

2. 故障原因分析

变压器进行绝缘试验结果显示，用户 3 号主变压器直流电阻差值大于 4%，试验不合格。

3. 结论与建议

（1）建议用户加强对自身电力设备的运维，及时发现并消除潜在的缺陷及隐患，防患于未然。高压营销人员加强对高故障率用户的管控，对于存在缺陷的用户及时进行沟通并处理。

（2）建议运维单位加强对电力设施保护的宣传，强调保护电力设施的重要性。运维单位提前向用户发布安全隐患告知书，共同谋划线路用电安全防范措施。

（3）通过此次故障可发现：在发生故障时智能开关能够及时并准确地动作，对故障点进行隔离，从而达到缩小停电范围的目的，故后期可对以往故障率较高的配网线路及用户安装智能开关，提高配电线路的供电可靠性。

三、外力破坏

【案例一】树木伐倒造成导线断线

1. 故障基本情况

2019 年 5 月 14 日 13 时 36 分，某线路 5 号杆柱上断路器后段发生馈线停电。14 时 18 分，属地供电所抢修人员发现故障是由于该线路 38 号杆旁施工单位人员在砍伐树木，砍伐的树木掉落在线路上，造成该线路 38 号杆 B、C 两相相间短路，引起线路跳闸；14 时 27 分，该线路 38 号杆故障处理完毕，具备送电条件；14 时 30 分，调控许可变电抢修人员对该线路进行全线送电，供电恢复。

2. 故障原因分析

因线路旁边道路有拓宽需求，乡镇人民政府安排施工单位对道路两旁树木进行砍伐。由于施工单位人员砍树不规范，同时对高压电力设施安全距离了解不足，砍伐的树木掉落造成该线路 38 号杆 B、C 两相相间短路，引起线路跳闸。另外，电力设施保护宣传工作不到位，未在杆塔或导线上设置警示标志，导致配电架空线路发生外力破坏故障。

3. 结论与建议

（1）建议进一步开展电力知识法规宣传工作，防止人员伤亡事故和线路设备故障的发生。

（2）建议对故障线路进行绝缘化处理，消除在线路通道的安全隐患。

【案例二】超高货车造成倒杆断线

1. 故障基本情况

2018 年 6 月 30 日 8 时 11 分，某 110kV 变电站 10kV 某线路过流 I 段保护动作，该线路跳闸，重合不成功。8 时 33 分，属地供电所查找到故障原因：10kV 某线路分支线 4 号杆被拉木材车辆撞断，造成 L1 相高压导线落在低压导线上，导致过流 I 段保护动作跳闸。供电所人员对现场进行勘察，并做好安全措施将该线路支线进行隔离，9 时 14 分该线路恢复送电。抢修人员针对该线路支线 4 号杆及线路进行事故处理，截至 7 月 1 日 19 时 35 分故障抢修结束，全线恢复送电。此次车辆撞断电杆事故造成该线路支线共计停电约 35h，损失负荷 150kW，损失电能量约 5250kWh。

2. 故障原因分析

拉木材货车超高载货，勾挂住从杆塔低压线引往表箱的接户线（电缆钢绞线），将电杆拉倒，发生倒杆断线事故。货车司机开车莽撞，行驶中未观察清楚周围状况，在载货高度距离线路安全距离不足的情况下，没有采取防范措施盲目通过，是造成此次事故的直接原因。另外，电力设施保护宣传工作不到位，未在杆塔或导线上设置限高标志等警示标志，大型车辆撞断电杆或者勾挂住电力线路等因素导致配电架空线路发生外力破坏故障。

3. 结论与建议

（1）建议加强电力设施保护宣传工作。进一步做好电力设施保护宣传工作，增强群众的守法意识和电力设施保护意识。遵循"预防为主，宣传教育和依法惩处相结合"的方针，与公安部门和群众形成合力，严厉打击电力设施破坏分子。

（2）在施工设计时将电杆设立在不易被车辆撞到的地方，对已立的电杆做好防撞警示标志和防撞隔离措施。在路边、道口的电力杆塔处加装防撞条、拉线护套和护墩，减少外力破坏引起的线路跳闸。对可能造成车辆碰撞杆塔、拉线的杆段，优先考虑更改线路路径。在不能改变路径的情况下，对杆塔做护墩，粘贴反光标志，更改拉线位置，或将水泥电杆更换为铁塔或钢管塔。在杆塔或导线上设立限高标志灯等警示标志。定期测量导线对路面、树木安全距离是否满足要求，重点测量高温、大负荷时的交叉跨越距离。

四、雷击

【案例一】雷击造成箝位绝缘子沿面闪络故障

1. 故障基本情况

2019 年 6 月 17 日 15 时 37 分，某变电站 10kV 5 号母线断路器发生零序保护动作跳闸，重合闸不成功，手动试送电成功。经查线发现，该路 32 号杆中相箝位绝缘子伞裙断裂。

2. 故障原因分析

检查外观发现绝缘子表面脏污，底端的连接金具已发生断裂。绝缘子本体中间两层伞裙断裂，疑似因放电击穿所致；绝缘子顶部瓷质釉面与电极接触处有放电熏黑现象，金属线夹内部有放电烧蚀痕迹；伞裙虽断裂但伞裙间瓷质釉面无沿面爬电的痕迹，同时伞裙断裂表面无放电裂纹，因此推断其遭受雷击导致故障的可能性较大。

故障发生当天为雷阵雨天气，经雷电定位系统查询，故障发生时间前 24h 内该路共有 17 次落雷记录，记录中与落雷距离最近的为 2 号杆（6 月 17 日 15 时 14 分，距离 2 号杆 36m，回击电流 2.8A），检测落雷电流最大的为 10.8A（6 月 17 日 15 时 25 分，距离 67 号杆 876m）。从落雷情况来看，线路附近落雷次数较多，因此该次绝缘子故障是因雷击所致。

3. 结论与建议

结合天气情况和线路附近的多次落雷记录，分析认为本次故障原因为绝缘子遭受雷击。雷击电流将绝缘子伞裙击穿，造成该路发生单相接地，引起零序保护动作跳闸。

（1）建议供电公司对易造成雷击的地方进行全面检查，上报缺陷，及时处理，避免类似事件发生。

（2）建议供电公司针对箍位绝缘子脏污问题积极查找，有效治理，针对恶劣天气加强巡视，提前做好防范措施。

【案例二】雷击造成隔离开关因瓷套破损短路故障

1. 故障基本情况

2015 年 5 月 20 日 20 时左右，110kV 某变电站附近有大暴雨及强雷电，20 时 19 分 18 秒，10kV 某站外附近线路受雷击短路，710 断路器速断动作跳闸，重合成功。2s 后，即在 20 时 19 分 20 秒，1 号主变压器差动保护动作，1 号主变压器 110kV 侧 1011 断路器及 10kV 侧 501 断路器跳闸，10kV1M 母线失压。

事件造成 110kV 某变电站 10kV 1 号母线失压，造成由其供电的 10kV 某线路等 10 条配网线路停电，导致所辖区域大面积停电。由于 110kV 某变电站为单主变压器配置，10kV 侧无备自投等自动装置，因此事件损失负荷 6.33MW，占该区实时用电负荷的 1.39%。另外，事件造成该变电站 1 号主变压器 10kV 侧 5014 隔离开关损坏，直接经济损失 1.5 万元。

2. 故障原因分析

经检查，发现 1 号主变压器 10kV 侧 5014 隔离开关 A 相绝缘子爆裂，且 A、B 相有放电痕迹，保护动作正确。5014 隔离开关 A 相瓷套破损是导致短路发生引起主变压器跳闸的直接原因。根据高压柜现场检查和之后的高压试验情况分析，初步判断为 5014 隔离开关 A 相动触头瓷套机械强度不足，在合闸状态下，瓷套支承处所受应力较大，当受到 10kV 出线雷击近距离短路冲击时，瓷套受电动力作用破裂，动触头铜杆与地之间绝缘距离不足且电场集中，造成 5014 隔离开关 A 相接地，在接地信号发出前的防抖时限内，迅速发展成 5014 隔离开关 AB 相间弧光短路，1 号主变压器差动速断保护动作，跳主变压器两侧断路器。

本次事件发生后，现场对本站的同类型绝缘子逐只进行了检查，并进行了耐压试验，未发现有其他绝缘瓷套有缺陷，也间接可以判断此次出现问题的绝缘瓷套是个别的质量问题。现有的日常检查手段（巡视、测温）以及常规耐压试验项目，无法及时发现瓷套是否存在裂纹等隐患或缺陷。

3. 结论与建议

（1）建议加强对大电流旋转隔离开关的验收把关力度，杜绝质量差和不合格的产品投入运行。重点把关旋转隔离开关的导电杆与瓷套之间的粘合部是否完好、自然、无变形；多次合闸状态下动静触头的接触位置是否符合产品设计要求，无明显变位；合闸操作过程中，合前动静触头相对位置有无明显偏差，且各相一致；导电铜杆两端是否留有散热孔，散热孔面积是否足够。

（2）建议对同类型大电流隔离开关进行一次全面缺陷排查。进行红外测温排查，重点检查导电杆、触头接触面是否存在异常发热情况；排查旋转导电杆瓷套是否存在裂纹；排查旋转导电杆两端是否留有散热孔。

（3）结合停电机会，对高压开关柜内的设备进行全面检查，并结合耐压试验等方式检验绝缘是否存在缺陷，对大电流开关进行一次在线局部放电检测。由于还有大量此类隔离开关在运行，可能还会出现类似情况，因此需配备此类隔离开关备件用于应急。

五、异物

【案例一】鸟害引发短路造成引线断线

1. 故障基本情况

2020 年 6 月 24 日 10 点 18 分，调度电话通知 10kV 某某 Y9645 线发生短路跳闸事件，重合闸成功。6 月 24 日 11 时 01 分，属地供电所抢修人员将 10kV 218 环网柜 Y9645 线间隔改为热备用，11 时 04 分，供电所抢修人员合上 10kV Y6151 线 1 号线路断路器，至此 10kV Y615 线全线恢复送电。之后供电所抢修人员对 10kV Y9645 线展开特殊巡视，12 时 00 分，抢修人员发现该线路 3 号杆线路断路器大号侧引线发生断线情况，且 3 号杆线路断路器架子上有鸟烧死的痕迹，如图 4-6 所示，抢修人员判断是鸟害引起该线路 3 号杆线路断路器大号侧中相引线与边相引线发生短路，造成断路器中相引线断线。由于之前线路重合闸成功，故该断线线路依旧带电，抢修人员与调度协商决定停电后再对该断线线路进行处理。

图 4-6 鸟害烧焦（左）与引线断线（右）

2. 故障原因分析

判断该线路故障原因为鸟害引起线路发生跳闸，重合闸成功后短路又引起线路发生断线。故障发生当天是阴雨天气，鸟飞至断路器两相中间，在阴雨天气作用下发生相间短路，引起线路断线；开关桩头与引线连接处的接线端子未进行绝缘包裹，易发生短路及接地故障。故障暴露出断路器桩头中相引线与边相引线距离过近，易发生短路故障。

3. 结论与建议

（1）建议施工单位后期在安装断路器及搭接接线端子时对裸露点用绝缘胶带进行绝

缘包裹，同时运维人员也要进行监督把关，避免类似事件再次发生。

（2）针对断路器桩头相间距离过近的问题，建议在条件允许的情况下考虑选择加装桩头相间距离较大的断路器；若条件不允许，则对断路器裸露点用绝缘胶带进行绝缘包裹。

（3）建议运维人员后期在重点防鸟害期间对断路器杆、闸刀杆进行重点关注，加装驱鸟器，尽可能将鸟害对线路的影响降到最低。

【案例二】铁丝搭接导致线路单相接地故障

1. 故障基本情况

2017 年 2 月 17 日 16 时 53 分，值班人员接到调度电话，告知 10kV Y755 线 B 相接地，要求带电巡线。值班人员立即查看在线监测系统，发现该线路虽装有在线监测装置，但仅 B 相对地电场降低，无接地电流基准值突增等可参考信息，遂立即赶往现场进行全线巡视。巡视人员对全线进行了大致的巡视后，未发现明显的故障点。为缩小故障查找范围，尽快恢复供电，抢修人员采用分段试送、试送干线的排除法进一步缩小故障范围。

18 时 30 分，抢修人员首先拉开该线路 1 号杆负荷开关，1 号杆前电缆线路、某某 114 环网柜及用户送电成功；20 时 06 分，拉开该线路 19 号杆带隔离线路开关，拉开所有分支（除 11 号支出的），合上该线路 1 号杆负荷开关，造成接地。20 时 11 分，拉开 11 号杆分支，进行 1 号至 19 号杆间线路的巡视。20 时 20 分，发现 16 号杆（电缆落火）避雷器上有一根铁丝，铁丝的一端搭在裸露的避雷器桩头上，另一端搭在横担上。20 时 58 分，拉开 1 号杆负荷开关、19 号杆带隔离线路开关，拆除可能存在故障的避雷器；故障处理完毕。21 时 29 分，合上该线路 1 号杆负荷开关，随后合上 19 号杆带隔离线路开关、分支开关及令克，该线路全线送电正常。

2. 故障原因分析

铁丝搭在裸露的避雷器桩头和横担之间，引起了线路接地故障。

3. 结论与建议

（1）建议在后续的施工及停电配合作业中，使用硅橡胶套对避雷器裸露的带电部位进行绝缘化处理。

（2）建议加强在线监测装置智能化改造，提升故障信息采集水平。

六、工艺不达标

【案例一】环网柜放电异响

1. 故障基本情况

2018 年 3 月 12 日，供电所在日常巡视中发现 20kV 某小区 902 环网柜存在异响。该环网柜安装于 2016 年 10 月 29 日，采用二进三出式。

2. 故障原因分析

由于该环网柜采用小型化设计，三相熔断器的间距过近，现场熔断器绝缘密封不严，存在内部导体穿过缝隙对柜体及不同相导体放电的安全隐患（未进行绝缘遮蔽时，20kV 设备的相间和对地安全距离必须大于 180mm）；此外，熔丝管的硅胶套的厚度及是否满足爬电距离的要求还有待进行试验验证。

熔丝管的卡座的形状与熔丝管端头的形状不符，造成卡座与熔丝管的接触面积过小，在通过较大负荷电流时造成接触点过热，接触点及附近部位有被灼烧的痕迹。检查人员与厂家更换了熔丝管的上卡座，但下卡座因设备原因未更换，如图4-7所示。

图4-7　熔丝管照片

开闭所坐落在河边，湿气较重，再加上熔丝管的密封及防护措施不到位，水汽吸附在熔丝管上，造成熔丝管的铜端头被腐蚀，出现铜绿。

3. 结论与建议

（1）建议加强该开闭所的巡视工作，提高巡视频次，适时对开闭所各间隔进行局部放电测试，以掌握设备最新状态。

（2）建议与厂家协商，跟踪处理、改造进度，以防止隐患进一步发展。

【案例二】接线错误造成柱上电压互感器故障

1. 故障基本情况

2015 年 10 月 29 日 15 时 54 分 46 秒，某 220kV 变电站 10kV 出线 258 断路器零序动作跳闸，重合不成功，试送电成功。经运维人员核实跳闸原因为 10kV 线路 7722 隔离开关电源侧 TV 烧毁。当日相关单位开展该线路标准化及分段/联络改造工程，该 TV 在当日工作完成恢复送电后短时间内发生烧毁故障。

2. 故障原因分析

施工单位在线路改造过程中未选用配套 TV 及 FTU 进行安装。故障 TV 为双绕组结构，分别采集 A、C 相电压情况。故障 TV 一次接线端均有放电痕迹，挂有 C 相标牌的绕组（左）环氧树脂外壳存在破损现象，且一次绕组烧损情况严重；另一绕组（右）受烧损影响有熏黑现象，无明显原始故障点。故障 TV 型号为 JSZV3—10W，出厂时间为 2015 年 9 月。该 TV 设备及其附件由某电气设备公司打包出厂，随开关一并送检，抽检后开始施工安装。由于某种原因施工现场选用了不同厂家的 TV 与 FTU 进行非配套安装。

2015 年 11 月 5 日，相关人员对故障 TV 进行解体分析。解体前对故障 TV 进行观察，主要故障位置位于挂有 C 相标牌的绕组。故障绕组破损现象严重，环氧树脂绝缘层受到大面积破坏，从现象来看符合一次绕组高温高压造成的崩裂现象；另一绕组受烧损影响有熏黑现象，无明显原始故障点。对故障绕组进行解体，拆除高压接线柱后明显可见一次绕组烧损面积较大，其现象应为故障过程中发生的大面积匝间及层间短路所致。将一次绕组拆除后对二次绕组进行检查，未发现异常情况，因此排除二次绕组内部发生短路现象。通过解体工作中发现的现象，分析后可知，故障 TV 在线路恢复送电的短时间内出现严重的一次绕组短路放电并发生大面积烧损，其现象符合 TV 二次接线因短路所致故障现象。二次接线短路使一次绕组励磁电流急剧增加，迅速产生的热量通过积累使一次绕组大面积烧损并发生短路；同时高温高压导致 TV 环氧树脂崩裂、烧毁，最终引发上级变电站 258 断路器零序保护动作，线路跳闸。通过解体分析，基本排除本次故障由 TV 质量原因引起。再通过了解设备接线设计和现场施工情况，确定施工过程中存在 TV 二次接线错误造成二次短路，从而引起本次故障。

本次线路改造工作中 TV 的安装过程存在两点主要问题：① TV 与 FTU 在物资招标的过程中按照一对一成套的形式进行采购，然而在施工安装过程中选用了不同厂家的 TV 与 FTU 进行搭配，两个厂家的设备在二次接线的设计上存在差异。非配套设备的选用给现场接线人员的相位辨识造成了困难，最终导致接线错误。② 在安装过程中未联系厂家相关技术人员进行现场指导，在无技术人员核查的情况下发生接线错误。

3. 结论与建议

本次 TV 故障原因为二次接线错误造成二次短路。造成故障发生的主要问题为施工单位在 TV 安装过程中选用非成套设备，并且未联系设备生产厂家相关技术人员对安装工作进行指导，导致 TV 在现场接线错误。

（1）建议供电公司对所辖 TV 及成套设备的库存情况进行核查。

（2）建议供电公司对可能存在接线问题的 TV 及其他设备进行检查。

【案例三】工艺不达标导致穿刺线夹发热

1. 故障基本情况

2019 年 7 月 12 日 06 时 50 分，供电所高压值班人员接到抢修电话，10kV 某线路有高压线路发生断线。07 时 15 分，属地供电所值班抢修人员到达现场，发现该线路 1 号杆上 A 相导线发生断线，但该线路未发生停电，需要停电进行抢修。07 时 20 分，供电所抢修人员在事故现场安装安全围栏并设置警示牌，提醒来往车辆及行人注意安全；07 时 28 分，抢修人员拉开该线路 78 号杆分支令克，停电并做好抢修现场安全措施准备；08 时 20 分，抢修人员开始对断裂导线以及穿刺线夹进行抢修更换；08 时 30 分，抢修人员在抢修过程中发现该线路 1 号杆上 C 相导线有烧焦现象，如图 4-8 所示，需要同时对 C 相导线以及穿刺线夹进行抢修更换处理；10 时 45 分，抢修人员对断裂导线以及穿刺线夹完成更换，并完成现场清理；10 时 51 分，抢修人员检查停电线路上无异物残留，现场符合送电要求，开始准备送电，合上该线路 78 号杆分支令克，送电正常。

图 4-8　断线情况

2. 故障原因分析

该穿刺线夹于 2019 年 5 月 10 日投运，投运时间很短即发生故障，直接原因为施工工艺不合格，引起穿刺线夹发热，最终导致线路断线。间接原因为施工验收标准不统一，设备主人验收不规范。

3. 结论与建议

（1）建议施工单位加强施工工艺，提升施工人员工作技能，确保工作能够保质保量地完成，不留隐患。

（2）建议建立考核机制，对施工质量较好的施工队伍进行奖励，对施工质量差的施工队伍进行考核。

（3）建议统一施工验收标准，设备主人加强责任意识，规范验收。

第五章

电费电价相关知识

第一节　电费电价基本知识

一、电价的概念、分类、管理和制定原则

（一）电价的概念和分类

1. 电价的概念

电价是电能商品价格的总称。

2. 电价的分类

（1）电价按照生产和流通环节划分，可分为上网电价、互供电价、销售电价。

1）上网电价。指发电厂向电网输送电力商品的结算价格，对电网经营企业而言，上网电价也称为电网的购入电价。上网电价是调整独立经营发电厂与电网经营企业利益关系的重要手段，是协调发、供电企业两者经济关系，促进发、供电企业协调发展的主要经济杠杆之一。目前中国的上网电价均执行单一制电价制度。

2）互供电价。指电网与电网之间相互销售的电力价格，售电与购电双方均为电网独立经营企业。互供电价包括跨省（自治区、直辖市）电网和独立电网之间、省级电网和独立电网之间、独立电网与独立电网之间的互供电量结算价格。

3）销售电价。指电网经营企业向电力用户销售电能的价格，是最敏感最复杂的电价。销售电价是电网电力价格的主体，每一种销售电价按照供电电压等级高低不同，由不同的目录电价和其他的附加费用构成。销售电价中的目录电价及其他加价由各独立网、省网及省级以上电网根据本电网企业发供电成本不同而形成不同的价格。

为使电价公平合理，我国销售电价还实行分类电价和分时电价两种电价制度。

（2）电价按照销售方式划分，可分为直供电价、趸售电价。

1）直供电价。指电网经营企业直接向用户销售电能的价格。

2）趸售。指国家电网公司以售（批发）电价将电能销售给地方供电公司，再由地方公司以终端销售电价将电能销售给终端电力客户。趸售区域电力客户的供电服务由趸售区域的地方供电公司具体负责。

（3）按照用电类别划分，可分为城乡居民生活用电电价、一般工商业及其他用电电价、农业生产用电电价、大工业用电电价。

（4）按照使用时段划分，可分为峰时电价、谷时电价、平时电价。

（二）电价的管理原则

（1）统一政策。指国家制定和管理电价的行为准则，是国家物价政策的组成部分，其目的是协调不同地区、不同的利益集团的利益分配关系。随着社会主义市场经济的逐步建立和完善，同一地区、电网、同一类型的发电、供电、用电单位在电价政策上应当相对统一，从而有利于公平竞争，调动各方面的积极性。

（2）统一定价。指国家制定电价的基本原则，任何有权制定和核准电价的部门在确定电价时，所依据的原则应当是统一的，也即制定电价、管理电价应遵循有关法律法规的规定，在全国实行统一的定价原则。

（3）分级管理。指我国对电价管理实行统一领导，分级管理。一般由国务院统一领导价格制定工作，制定价格的工作方针、政策。因电价关系到国民经济全局和人民生活的切身利益，电价仍以国家管理为主，企业协商定价只是一种国家确定电价的潜质条件。《中华人民共和国电力法》（简称《电力法》）中所规定的分级管理是有限制的，并非任意，也并非常规的级别管理，此权限在《电力法》第三十八条、第三十九条、第四十条中做了具体规定。

（三）制定电价的原则

1. 合理补偿成本的原则

（1）电力成本是依据发供电成本核算的客观数值，它从货币上反映了电力生产必要的劳动耗费，所以，合理补偿成本制定电价一方面可以维持电力企业单位再生产，另一方面又排除电力企业任意定价。

（2）电力成本应是电力生产经营过程的成本费用，因此各个层次的电价水平不能低于其生产经营的成本水平。

（3）电力生产经营中一部分固定资产的损耗能得到补偿，也就是指固定资产折旧费用应当能够补偿实际的耗费。

2. 合理确定收益的原则

电力企业在正常的营运过程中，必须向企业的所有者支付股息和利息，必须向国家缴纳税金，使国家有所收益；与此同时，电力企业也应有自我发展的能力。由于我国电力企业是公益性企业，不应在电价中含有超额利润，合理确立收益，有利于电力的持续发展和满足人民生活的需要。

3. 依法计入税金的原则

这是指根据法律规定允许纳入电价的税种和税款。

4. 公平负担原则

这是指定价时要考虑电力企业和用户、甚至电力投资者的收益，在不同的用电户取得不同的经济效益，产业类别要加以区别，要有不同的负担。基于电力是全民享有的公益事业，因此制定电价坚持公平负担原则是包括我国在内的世界上许多国家的法律原则和惯例，对于如何公平负担，在《电力法》第四十一条中有明确规定。

二、销售电价实施范围

1. 销售电价的概念

销售电价是指电网经营企业对终端用户销售电能的价格。

2. 制定销售电价的原则

坚持公平负担，有效调节电力需求，兼顾公共政策目标并建立与上网电价联动的机制。

3. 销售电价的构成

销售电价由购电成本、输配电损耗、输配电价及政府性基金四部分构成。

（1）购电成本。指电网企业从发电企业或其他电网购入电能所支付的费用及依法缴纳的税金，包括所支付的容量电费、电度电费。

（2）输配电损耗。指电网企业从发电企业或其他电网购入电能后，在输配电过程中产生的正常损耗。

（3）输配电价。指销售电价中包含的输配电成本，省电力公司的收入来源于向电力用户售电的收入与向发电公司买电的费用之差，这就是实际的输配电价。

（4）政府性基金。指按照国家有关法律、行政法规规定或经国务院以及国务院授权部门批准，随售电量征收的基金及附加。

4. 销售电价的分类

根据用户承受能力逐步调整，先将非居民照明、非工业及普通工业、商业用电三大类合并为一类，合并后销售电价分为居民生活用电、大工业用电、农业生产用电、一般工商业及其他用电四大类。在同一电压等级中，条件具备的地区用电负荷的价格，用户可根据其用电特性自行选择。

5. 销售电价的计价方式

居民生活、农业生产用电实行单一制电度电价。一般工商业及其他用户中受电变压器容量在315kVA或用电设备装接容量在315kW及以上的用户，实行两部制电价；受电变压器容量或用电设备装接容量小于315kVA的实行单一电度电价，条件具备的也可实行两部制电价。两部制电价由电度电价和基本电价两部分构成。电度电价是指按用户用电度数计算的电价。基本电价是指按用户用电容量计算的电价。

6. 各类电价实施范围

（1）城乡居民生活电价执行范围是直接用于城镇或农村居民生活的用电，凡是居民用户用于照明、取暖、烹饪、家用电器等方面，如照明用电、空调用电、热水器及一些应用于提高居民家庭生活质量等电器的用电，均按城镇居民生活电价计收电费。纯居民住宅楼内电梯、水泵、中央空调、楼道照明等直接服务于居民生活的用电也执行居民生活电价。

（2）一般工商业及其他用电电价实施范围分为三类。

1）普通工业（一般工商业及其他用电）电价应用范围为凡以电为原动力，或以电炼、烘焙、熔焊、电解、电化的一切工业生产，受电容量不足 320kVA 或低压受电，以及在上述容量受电电压以内的下列各项用电：

a. 机关、部队、学校及学术研究、试验等单位的附属工厂有产品生产并纳入国家计划或对外承受生产及修理业务的用电；

b. 铁道（包括地下铁道）、航运、电车、电信、下水道建筑部门及部队等单位所属修理工厂的用电；

c. 自来水厂、工业试验、照相制版工业水银灯用电。

2）非工业（一般工商业及其他用电）电价应用范围是凡以电为原动力，或以电冶炼、烘焙、熔焊电解、电化的试验和非工业生产，其总容量在 3kVA 及以上者。例如：

a. 机关、部队、商店、学校、医院及学术研究、试验等单位的电动机、电热、电解、电化、冷藏等用电；

b. 铁道、地下铁道（包括照明）、管道输油、航运、电车、电信、广播仓库、码头飞机场及其他处所的加油站、打气站、充电站、下水道等电力用电；

c. 电影制片厂摄影、照相水银灯用电和专门对外营业的电影院、电影放映队宣传的影剧场照明、通风、放映机、幻灯机等用电；

d. 基建工地施工用电；

e. 地下防空设施的通风、照明、抽水用电；

f. 有线广播站电力用电（不分设备容量大小）。

3）非居民照明（一般工商业及其他用电）电价类别的执行范围是除居民照明以外的所有照明用电。商业服务业的冷藏、冷冻、中央空调用电等动力用电价格仍按普通工业用电价格执行，对列入省规划和重点扶持的大型中高级批发交易市场物流基地、大型配送中心的照明用电，按普通工业用电价格执行。具体名单由各市价供电部门核准并报省确认后执行。

（3）大工业用电电价。凡以电为原动力，或以电冶炼、烘焙、熔焊、电解电化的一切工业用户，受电容量在 315kVA 及以上者以及符合上述容量规定的下列用电，均执行大工业电价。

1）机关部队、学校及学术研究、试验等单位的附属工厂（凡以学生参加劳动实习为主的校办工厂除外），有产品生产并纳入国家计划，或对外承受生产及修理业务的用电。

对外承受生产及修理业务的用电指主要以对外承受生产及修理用电并收取费用，用电量较大、变压器容量在 320kVA 及以上的可以实行两部制电价。

2）铁道（包括地下铁道）、航运、电车、电信、下水道、建筑部门及部队等单位所属修理工厂的用电。

3）自来水厂用电。

4）工业试验用电，指自产产品的试验和对外单位产品试验，如强度试验等。

5）照相制版工业水银灯用电。

（4）农业生产用电电价指果场、蚕场、水产养殖，花（电加热），蔬菜种植、茶叶种植以及灯光诱虫、农田排涝、灌溉、电犁、打井、打场，粒积，防汛临时用电，现代化或专业化、畜养殖业等。

三、电费管理

（一）用电计量装置

1. 用电计量装置的安装

（1）用电计量装置包括计费电能表（有功电能表、无功电能表及最大需量表）和电压互感器、电流互感器及二次连接线导线，计费电能表及附件的购置、安装、移动、更换、校验、拆除、加封、启封及表计接线等，均由供电企业负责办理，用户应提供工作上的方便；高压用户的成套设备中装有自备电能表及附件时，经供电企业检验合格、加封并移交供电企业维护管理的，可作为计费电能表，用户销户时，供电企业应将该设备交还用户；供电企业在新装、换装及现场校验后应对用电计量装置加封，并请用户在工作凭证上签章。

（2）供电企业应在用户每一个受电点内按不同电价类别，分别安装用电计量装置。每个受电点作为用户的一个计费单位，用户为满足内部核算的需要，可自行在其内部装设考核能耗用的电能表，但该表所示读数不作为供电企业计费依据。

在用户受电点内难以按电价类别分别装设用电计量装置时，可装设总的用电计量装置，然后按其不同电价类别的用电设备容量的比例或定量进行分算，分别计价。供电企业每年至少对上述比例或定量核定一次，用户不得拒绝。

（3）对 10kV 及以下电压供电的用户，应配置专用的电能表计量柜（箱）；对 35kV 及以上电压供电的用户，应有专用的电流互感器二次线圈和专用的电压互感器二次连接线，不得与保护、测量回路共用。电压互感器专用回路的电压降不得超过允许值。超过允许值时，应予以改造或采取必要的技术措施予以更正。

（4）用电计量装置原则上应装在供电设施的产权分界处。如产权分界处不适宜装表的，对专线供电的高压用户，可在供电变压器出口装表计量：对公用线路供电的高压用户，可在用户受电装置的低压侧计量；当用电计量装置不安装在产权分界处时，线路与变压器损耗的有功与无功电量均由产权所有者负担，在计算用户基本电费（按最大需量计收时）、电度电费及功率因数调整电费时，应将上述损耗电量计算在内。

2. 用电计量装置的维护管理

（1）计费电能表装设后，用户应妥善保护，不应在表前堆放影响抄表或计量准确及安全的物品。如发生计费电能表丢失，损坏或过负荷烧坏等情况，用户应及时告知供电企业，以便供电企业采取措施。如因供电企业责任或不可抗力致使计费电能表出现或发生故障的，供电企业应负责换表，不收费用：其他原因引起的，用户应负担赔偿费或修理费。

（2）供电企业必须按规定的周期校验、轮换计费电能表，并对计费电能表进行不定期检查，发现计量失常时，应查明原因。

3. 计费电能表不准的处理

（1）用户认为供电企业装设的计费电能表不准时，有权向供电企业提出校验申请。

（2）在用户交付验表费后，供电企业应在 7 天内检验，并将检验结果通知用户。如计费电能表的误差在允许范围内，验表费不退；如计费电能表的误差超出允许范围时，除退还验表费外，还应按规定退补电费。

（3）用户对检验结果有异议时，可向供电企业上级计量检定机构申请检定。用户在申请验表期间，其电费仍应按期交纳，验表结果确认后，再退补电费。

4. 用电计量装置误差的电费处理

（1）由于计费计量的互感器、电能表的误差及其连接线电压降超出允许范围或其他非人为原因致使计量记录不准时，供电企业应按下列规定退补相应电量的电费：

1）互感器或电能表误差超出允许范围时，以"0"误差为基准，按验证后的误差值退补电量，退补时间从上次校验或换装后投入之日起至误差更正之日止的二分之一时间计算。

2）连接线的电压降超出允许范围时，以允许电压降为基准，按验证后实际值与允许值之差补收电量。补收时间从连接线投入或负荷增加之日起至电压降更正之日止。

3）其他人为原因致使计量记录不准时，以用户正常月份的用电量为基准，退补电量，退补时间按抄表记录确定，退补期间，用户先按抄见电量如期交纳电费，误差确定后，再行退补。

（2）用电计量装置接线错误。由于熔断器熔断、倍率不符等原因使电能计量或计算出现差错时，供电企业应按下列规定补相应电量的电费：

1）计费计量装置接线错误的，以其实际记录的电量为基数，按正确与错误接线的差额率退补电量，退补时间从上次校验或换装投入之日起至接线错误更正之日止。

2）电压互感器熔断器熔断的，按规定计算方法计算值补收相应电量的电费；无法计算的，以用户正常月份用电量为基准，按正常月与故障月的差额补收相应电量的电费，补收时间按抄表记录或按失压自动记录仪记录确定。

3）计算电量的倍率或铭牌倍率与实际不符的，以实际倍率为基准，按正确与错误倍率的差值退补电量，退补时间以抄表记录为准确定退补电量，未正式确定前，用户先按正常月电量交付电费。

（二）电费的收取

1. 收取电费的主要法律依据

（1）《电力法》第三十三条规定：供电企业应当按照国家核准的电价和用电计量装置的记录，向用户计收电费……用户应当按照国家核准的电价和用电计量装置的记录，按时交纳电费；对供电企业查电人员和抄表收费人员依法履行职责，应当提供方便。

（2）《电力供应与使用条例》第二十七条，第三十四条做了补充规定：供电企业应当按合同约定的数量、质量、时间方式，合理调度和安全供电。用户应当按照国家批准的电价，以及规定的期限、方式或者合同约定的数量、条件用电，交付电费和国家规定的其他费用。

同时规定了违反第二十七条规定，逾期未交付电费的，供电企业可以从逾期之日起，每日按照电费总额的 1%～3%加收违约金，具体比例由供用电双方在供用电合同中约定；

自逾期之日起计算超过 30 日，经催交仍未交付电费的供电企业，可以按照国家规定的程序停止供电。

（3）《供电营业规则》第八十三条规定，供电企业应在规定的日期抄录计费电能表读数。由于用户的原因未能如期抄录计费电能表读数时，可通知用户待期补抄或暂按前次用电量计收电费，待下次抄表时一并结清。因用户原因连续 6 个月不能如期抄到计费电能表读数时，供电企业应通知该用户终止供电。

第九十八条规定用户在供电企业规定的期限内未交清电费时，应承担电费滞纳的违约责任，电费违约金从逾期之日起计算至交纳日止，每日电费违约金按下列规定计算：居民用户每日按欠费总额的 1%计算；其他用户当年欠费部分，每日按欠费总额的 2%计算：跨年度欠费部分，每日按欠费总额的 3%计算；电费违约金收取总额按日累加计收，总额不足 1 元者按 1 元收取。

2. 电费收取中的证据

（1）证据种类。根据《中华人民共和国民事诉讼法》（简称《民事诉讼法》）第六十三条规定，证据有下列七种：① 书证；② 物证；③ 视听资料；④ 证人证言；⑤ 当事人的陈述；⑥ 鉴定结论；⑦ 勘验笔录。电费收取中涉及的证据种类主要是书证，例如各类电费结算协议、抄表卡、日报单、电费划拨协议、电费通知单（小户）同城特约委托收款凭证（四联），电费发票，催缴电费通知书，停电审批单停限电通知书等。此外还涉及少量的物证和证人证言，当事人陈述鉴定结论等。

当用电人对用电计量装置的准确性产生异议而不按时交纳电费时，用电人可以按照规定向政府指定的电表计量部门申请鉴定，由该部门出具鉴定结论，以确定表计是否存在计量不准确的问题。

在某些采用诉讼方式追缴欠费的案件中，当供用电双方当事人对电费数额以及实际用人存在异议时，还需要供电企业提供有关证人、证言、书证等证据材料，来证明供电企业追缴电费对象的正确性。

（2）证据的收集。一般来说，主要涉及以下环节的证据收集：

1）抄表阶段的证据材料，包括抄表卡、抄表日报单、用电异常报告单等。

2）核算阶段的证据材料，包括应收发行日报单、电费计算清单等。

3）收费阶段的证据材料，包括电费通知单、小户同城特约委托收款凭证（四联）、电力电费收费收据、催缴电费通知书等。

（3）证据的使用。

1）非诉讼方式。一般包括现场校验、现场封表、降负荷措施等。

经审议决定采取停限电措施等诉讼方式追缴电费的，由电费抄表收费人员在具备应有的证据材料和停限电审批单、停限电通知书及回执、停限电工作票后方可具体实施。停电通知书应直接送交受送达人。受送达人是公民的，本人不在，交其同住成年家属签收：受送达人是法人或者其他组织的，应当由法人的法定代表人、其他组织的主要负责人或者该法人、组织负责收件的人签收。

对采取非诉讼方式仍不能结清电费的用户，经本单位领导审批后可采取诉讼方式进行追缴。在采取停电费时特别要注意遵守停电的程序。

2）诉讼方式。一般包括普通民事起诉、督促程序和抵销权三种方式。

应当注意的是，对采取诉讼方式追缴欠费的，除应具备证据管理办法要求的证据材料外，还应具备电费违约金计算依据的有关材料。

对超过两年的欠费用户，应在符合民事诉讼法规定的诉讼时效中断或者中止的情形下再启动诉讼程序。

3. 电费收取的主要法律手段

（1）停电催费。

1）实施停电催费行为的法律、法规依据。

a.《中华人民共和国合同法》（简称《合同法》）第一百八十二条规定，逾期不交付电费，经催告后用电人在合理期限内仍不交付电费和违约金的，供电人可以按照国家规定的程序中止供电。

b.《电力供应与使用条例》第三十九条规定，对于逾期未交付电费的，自逾期之日起计算，超过 30 天，经催交仍未交付电费的，供电企业可以按照国家规定的程序停止供电。

c.《供电营业规则》第六十六条规定，拖欠电费经通知催交仍不交者，经批准可中止供电；第六十七条规定了中止供电的办理程序。

2）停电催费的程序。用户欠电费后，经通知催交仍不交的，可由催费人员填写"欠费用户停（限）电审批单"，注明停电的原因、时间及欠费用户的停限电范围，经领导审批同意后，填写"欠费用户停（限）电通知书"。"欠费用户停（限）电通知书"应加盖供电分公司印章，在停限电前 3～7 天内送达用户。

对重要用户及大用户，要在停限电前 30min 再用电话通知一次，并做好电话录音，方可在通知规定时间实施停限电。

3）送达方式。送达方式是指供电企业因用户欠费需要催费或需要采取中止供电的措施前，将有关通知告知用电人的一种方式。在实际工作中，经常采用的方式有以下五种：

第一种是直接送达，这是最常用的，也是最有效的方法。电力企业工作人员将需要通知的有关事项以书面形式通知用电人，包括其成年家属，被通知人在通知回执上签字盖章。

这种方式的特点是直接、快，且作为证据效力比较高。

第二种是留置方式，它主要是对被通知人拒绝接受或签收的情况适用的一种方式。在使用留置方式时，应当注意的是，邀请的证人既可以是被通知人的单位人员，也可以是居委会人员，由他们在回执单上签字或盖章。

第三种是寄送方式。一般是对通知有困难的用户，通过邮局以挂号信的方式将通知邮寄给被通知人，被通知人在回执上签字或盖章。采用寄送方式时，建议采用公证，以保证通知内容的真实性、有效性。

第四种是公告方式，是当采用上述方法均无法传达时，将要通知的内容予以公告，公告经过一定期限即产生送达后果的一种送达方式。公告送达实际上是一种推定送达，即公告后受送达人有可能知道公告内容，也有可能不知道公告内容，但法律规定均视为送达。供电企业最常见的公告方式是停电预告。

第五种是公证送达，是指由公证处对送达全程进行公证，以达到证明送达的效果，此种方式需要支付公证费用。

（2）申请支付令。

1）支付令的基本概念。支付令是民事诉讼督促程序的标志。所谓督促程序，是指法院根据债权人的给付金钱和有价证券的申请，以支付令的形式催促债务人限期履行义务的程序。督促程序依债权人申请支付令的提出而开始。

2）申请支付令的法律依据。《民事诉讼法》第一百九十八条规定，债权人请求债务人给付金钱、有价证券符合下列条件的，可以向有管辖权的基层人民法院申请支付令：债权人与债务人没有其他债务纠纷的；支付令能够送达债务人的。

 典型案例

1. 案例简介

某电器厂 2013 年 6 月至 10 月共拖欠某供电公司电费 61.52 万元，供电公司多次催收均未能如期缴纳。供电公司于 2013 年 11 月向法院申请支付令，在法院主持下用户与供电公司达成还款协议，于 2013 年 12 月底前交纳全部欠费。

2. 案例分析

本案利害关系明确，当事人对欠费一事无争议，且在收到支付令后 15 日内没有向法院提出书面异议，而是主动清偿债务。支付令是一种诉前程序，简单易行，费用低、时间短、见效快，在清理欠费中被供电企业大量应用。

3）在供用电合同履行中申请支付令的条件：

第一，必须是请求给付金钱或汇票支票以及股票、债券、可转让的存单等有价证券。

第二，请求给付的金钱或有价证券已到期且数额确定，并写明了请求所根据的事实、证据的。

第三，债权人与债务人没有其他债务纠纷的，即债权人没有对待给付的义务。

第四，支付令能够送达债务人的。

第五，法院在受理供电企业申请后，15 日内向债务人发出支付令。

如债务人在收到支付令后 15 日内向法院提出书面异议，法院对债务人无须审查异议是否有理由，应当直接裁定支付令失效，但应对异议进行形式上的审查。提出的异议属下列情形之一，异议无效：

a. 债务人对债务本身无异议，只是提出缺乏清偿能力的，不影响支付令效力。

b. 债务人在书面异议书中写明拒付的事实和理由。

c. 债务人收到支付令后，不在法定期限内提出书面异议，而向其他人民法院起诉的。

d. 债权人有多项独立的诉讼请求，债务人仅就其中某一项请求提出异议的，其异议对其他支付请求无效。

e. 债务人为多人时，其中一债务人提出异议如果债务人是必要共同诉讼人，其异议经其他债务人同意承认，对其他债务人发生效力；如果债务人是普通共同诉讼人，债务人一人的异议对其他债务人不发生效力。

法院认定异议无效，支付令仍然有效。

第六，欠费用户在法定期限内既不提出书面异议，又不清偿债务的，供电企业应及时向法院申请强制执行。欠费用户是法人或者其他组织的，申请执行的期限为6个月，其他的为1年。

（3）适当适时行使不安抗辩权。

1）不安抗辩权是指按照合同约定或者依照法律规定应当先履行债务的一方当事人，如发现对方的财产状况明显恶化，债务履行能力明显降低等情况，以致可能危及债权的实现时，可主张要求对方提供充分的担保，在对方未提供担保也未对待给付之前，有权拒绝履行。

2）行使不安抗辩权的依据。《合同法》第六十八条规定，应当先履行债务的当事人，有确切证据证明对方有下列情形之一的，可以中止履行：① 经营状况严重恶化；② 转移财产、抽逃资金，以逃避债务；③ 丧失商业信誉；④ 有丧失或者可能丧失履行债务能力的其他情形。当事人没有确切证据中止履行的，应当承担违约责任。

《合同法》第六十九条规定，当事人依照本法第六十八条规定中止履行的，应当及时通知对方。对方提供适当担保时，应当恢复履行。中止履行后，对方在合理期限未恢复履行能力并且提供适当担保的，中止履行的一方可以解除合同。

3）供用电合同履行中行使不安抗辩权的条件及注意事项。

第一，不安抗辩权适用于双务合同。供用电合同就是双务合同，也就是说，双方当事人在一合同中互负债务（供电人有义务供电，用电人有义务交费），存在先后履行债务的问题（一般是"先用电，后交费"）。不安抗辩权是先履行一方行使的权利，着重于保护履行义务在前一方的利益。

第二，后履行债务的一方当事人的债务没有到履行期限，也就是说不能履行债务仅仅是一种可能性而不是一种现实。

第三，后履行债务的一方当事人履行能力明显降低，有不能履行债务的危险。

第四，后履行义务的一方未提供适当担保，如果后履行义务的一方当事人提供了适当的担保，则先履行义务的一方当事人不能行使不安抗辩权。

第五，及时通知对方的义务。不安抗辩权人在行使权利之前，应将中止履行的事实、理由以及恢复履行的条件及时告知对方。

第六，对方提供适当担保，应当恢复履行合同。适当担保，是指在主合同不能履行的情况下，担保人能够承担债务人履行债务的责任。

第七，不安抗辩权人有举证的义务。不安抗辩权人应提出对方履行能力明显降低，有不能履行债务危险的确切证据。如果举证不能，将承担由此而造成的损失。

 **典型案例**

1. 案例简介

某厂拖欠某供电公司电费累计已 126 万元，经供电公司多方努力，双方达成了"每年偿还欠费 40 万元，4 年还清，供电公司保证对其正常供电"的还款协议。协议生效后半年，因一笔巨额连带保证合同纠纷，该厂作为保证人被银行起诉，涉案债权高达 1000 万元，而该厂资产总值仅 1200 万元。该厂还有其他未清债务。供电公司得知这些情况后，打算马上停电，中止还款协议的履行。

2. 案例分析

该厂涉案债权额高达 1000 万元，而该厂资产总值不过 1200 万元，同时该厂还有其他未清偿债务。由于该厂可能失去交纳电费的能力，属于履行债务能力下降，供电公司在证据充分的情况下可以暂时中止供电，以保护电费债权。

（4）充分运用代位权，确保电费收缴。

1）代位权概念。因债务人怠于行使权利，而影响了债权人债权的实现；债权人为了保全自己的债权，以自己的名义向次债务人（债务人的债务人）行使债务人现有债权，这就是代位权。

2）法律依据。《合同法》第七十三条规定，因债务人怠于行使其到期债权，对债权人造成伤害的，债权人可以向人民法院请求以自己的名义代位行使债务人的债权，但该债权专属于债务人自身的除外。代位权的行使范围以债权人的债权为限。债权人行使代位权的必要费用，由债务人承担。

3）供电企业行使代位权的条件。

第一，供电人对用户的电费债权合法，而且已经构成逾期未交。

第二，欠费用户有对外债权且到期。

第三，债务人对次债务人享有的债权，不是专属于债务人自身的。例如自然人的财产继承权、人身损害赔偿请求权等专属性债权，欠费用户对次债务人的债权不在此列。

第四，债务人不以诉讼方式或者仲裁方式向次债务人主张其债权而影响其偿还债权人的债权。

第五，债务人怠于行使自己债权的行为，已经对债权的给付造成损害。

4）供电企业行使代位权应注意的事项：

第一，必须向人民法院提出请求，而不能直接向第三人行使。

第二，代位权的行使范围以用户所欠电费及该用户对次债务人的债权为限。

第三，代位权诉讼只能由被告（债务人）住所地法院管辖。

第四，代位权诉讼中，供电企业胜诉的，诉讼费用由次债务人负担，从实现的债权中优先支付。

典型案例

1. 案例简介

某电器厂欠某供电公司电费 200 万元，久拖未还；某物资公司拖欠该电器厂货款 300 万元，已逾期 1 年，一直催讨未果。现供电公司得知物资公司刚刚收回一笔 300 万元的货款，而电器厂催讨仍旧没有结果，就打算转而向物资公司讨债。

2. 案例分析

本案中债权债务关系清楚，不存在其他问题，根据司法解释，只要债务人不以诉讼方式或者仲裁方式向次债务人主张其债权而影响其偿还债权人的债权，都视为"怠于行使其债权"。供电公司可以根据代位权的规定，以自己的名义起诉物资公司，行使电器厂货款债权，要回后再向电器厂行使电费债权。

（5）充分发挥抵销权的作用。

1）抵销权概念。抵销权是指当事人互负债务达到法定条件或约定条件后，可以将自己的债务与对方的债务抵销的权利。抵销权分为法定抵销权和约定抵销权。

法定抵销权是指当事人互负到期债务，该债务的标的物的种类、品质相同的任何一方均享有的可以将自己的债务与对方的债务抵销的权利。

约定抵销权是指当事人互负债务，但两者的标的物的种类、性质不同，经双方协商一致而取得将自己的债务与对方债务相抵销的权利。

两者的区别：法定抵销权要求债务均已到期，而约定抵销权则不加限制；债务的标的物的种类、性质是否相同，法定抵销权要求而约定抵销权则没有此限；法定抵销权是给予法律规定而享有，无须经过双方协商，而约定抵销权是基于双方的协商一致而享有。

2）法律依据。《合同法》第九十九条规定，当事人互负到期债务，该债务的标的物种类、品质相同的，任何一方可以将自己的债务与对方的债务抵销，但依照法律规定或者按照合同性质不得抵销的除外。当事人主张抵销的，应当通知对方。通知自到达对方时生效，抵销不得附条件或者附期限。第一百条规定，当事人互负债务，标的物种类、品质不相同的，经双方协商一致，也可以抵销。

3）运用抵销权应注意事项。

第一，对于法定抵销权，供电企业只需要通知欠费用户即可，自通知到达该用户时，双方债务即告抵销。约定抵销则需要双方协商一致，并实际履行后方可抵销。

第二，法定抵销不得附条件或期限，否则不产生抵销债权的效力。

第三，对约定抵销，应注意尽量选择那些价值稳定、不易损毁的标的物，同时对约定的标的物应进行科学的评估。

第四，依照法律规定或按照合同性质不得抵销的，不得行使法定抵销权。

典型案例

1. 案例简介

A 家具厂拖欠电费共 10 万元，因其严重亏损，收缴困难，而供电公司因改善办公条件从 A 家具厂购买办公家具的 10 万元货款到期也未支付，后供电公司通知 A 家具厂抵销各自债务 10 万元。

2. 案例分析

该案是典型的法定抵销权案例，当供电企对用户负有到期债务的，如果用户不按时交付电费，两种债务的标的物种类、品质相同的，供电企业可以不与用户协商，而直接通知户抵销相当的债务。

（6）运用撤销权，最大限度地降低风险。

1）撤销权基本概念。因债务人放弃到期债权或者无偿转让财产，或债务人以明显不合理的低价转让财产，对债权人造成损害的，并且受让人知道该情形的，债权人可以请求人民法院撤销债务人的这种行为，这就是撤销权。

2）法律依据。《合同法》第七十四条规定，因债务人放弃其到期债权或者无偿转让财产，对债权人造成损害的，债权人可以请求人民法院撤销债务人的行为。债务人以明显不合理的低价转让财产，对债权人造成损害，并且受让人知道该情形的，债权人也可以请求人民法院撤销债务人的行为。撤销权的行使范围以债权人的债权为限，债权人行使撤销权的必要费用由债务人负担。《合同法》第七十五条规定，撤销权自债权人知道或者应当知道撤销事由之日起 1 年内行使。自债务人的行为发生之日起 5 年内没有行使撤销权的，该撤销权消失。

3）行使撤销权的条件。

第一，债务人（欠费户）有放弃到期债权、无偿转让财产或以不合理的低价转让财产的行为。其中，不合理的低价的标准应当是"普通人的标准"，在司法实践中，以明显不合理的低价转让财产的行为必须已经成立，否则不能行使撤销权。

第二，客观上，对债权人的权利已经造成损害，使债务人履行债务不能或发生困难。

第三，受让人明知会损害债权，即主观上是故意的。

4）行使撤销权时应当注意的问题。

第一，至法院起诉（注意：起诉的主体是债权人，以债权人的名义起诉）。

第二，撤销权的行使以债权人的债权为限。

第三，撤销权自债权人知道或者应当知道撤销事由之日起 1 年内行使。自债务人的行为发生之日起 5 年内没有行使撤销权的，该撤销权消失。

 典型案例

1. 案例简介

某服装有限公司 2018～2019 年拖欠电费 18 万元，某供电公司经多次催告至今未还。2019 年初，被告将价值 60 万元的设备和价值 30 万元的一辆进口汽车分别以 10 万元和 5 万元的价格，转让给其朋友张某，且张某知道以上事实。供电公司申请法院撤销该服装有限公司与张某的买卖合同。

2. 案例分析

法院支持了供电公司的请求，依法撤销了该买卖合同。本案中，该服装有限公司在欠供电公司电费 18 万元的情况下，不仅不偿还，还故意将 30 万元的汽车以 5 万元的低价转让给朋友张某，而且张某对该服装公司欠缴电费一事是知情的。在这种情况下，供电公司可以根据《合同法》的规定请求法院撤销其买卖合同行为。

第二节　电费电价相关标准

一、现行电价制度

（一）单一制电价制度

1. 单一制电价制度的含义

单一制电价制度是以在用户安装的电能表计每月表示出实际用电量为计费依据的一种电价制度。实行单一电价的用户，每月应付的电费与其设备和用电时间均不发生关系，仅以实际用电量计算电费，用电多少均是一个单价。

2. 单一制电价制度的适用范围

我国销售电价类别中除变压器容量在 315kVA 及以上的大工业客户外，其他所有用电均执行单一制电价制度，其中容量在 100kVA（或 kW）及以上的用户还应执行功率因数调整电费办法和丰枯、峰谷电价制度。

3. 单一制电价制度的优缺点

单一制电价制度可促使用户节约电能，并且抄表、计费简单，但这种电价对用户用电起不到鼓励或制约的作用。

（二）两部制电价制度

1. 两部电价制度的含义

两部制电价包括基本电价和电度电价两部分。基本电费按客户的最大需量或客户接装设备的最大容量计算，电度电费按客户每月记录的用电量计算。

2. 两部制电价制度的适用范围

我国一般对大工业生产用电，即受电变压器总容量为 15kVA 及以上的工业生产用电实施两部制电价制度。

3. 两部制电价制度的优点

（1）可发挥价格经济杠杆作用，促使客户提高设备的利用率、减少不必要的设备容量，降低电能损耗，压低尖峰负荷，提高负荷率。

（2）可使客户合理负担费用，保证电力企业财政收入。对执行两部制电价的用户，无论新装、增容、减容、暂停、暂换、改类或终止用电（销户）时，均应根据用电用户实际用电天数（日用电不足 24h 的，按一天计算）计算基本电费，每日按月基本电费的 1/30 计算，若暂停用电不足 15 天者，则不予扣减基本电费。

（三）梯级电价制度

1. 梯级电价制度的含义

梯级电价制度是将用户每月用电量划分成两个或多个级别，各级别之间的电价不同。梯级电价制度分为递增型梯级电价制度和递减型梯级电价制度：递增型梯级电价制度的后级比前级的电价高；递减型梯级电价制度的后级比前级的电价低。

2. 梯级电价制度的优缺点

梯级电价制度初步起到了价格经济杠杆作用，但没有考虑用户的用电时间，因此对用户用电起不到鼓励和制约作用。

（四）季节性电价制度

1. 季节性电价制度的含义

季节性电价制度是为了充分利用水电资源、鼓励丰水期多用电的一项措施，即将一年12 个月分成丰水期、平水期、枯水期三个或平水期、枯水期两个时期，丰水期电价可在平水期电价的基础上向下浮动 30%～50%，枯水期电价可在平水期电价的基础上向上浮动30%～50%。

2. 季节性电价制度的适用范围

季节性电价制度执行范围主要是用电容量在 100kVA 及以上的非普工业用电、商业用电和大工业用电用户。

3. 季节性电价制度的优点

季节性电价制度既起到了价格经济杠杆作用，又考虑了用户的用电时间，因此对用户用电起到了鼓励和制约作用，是世界各国普遍采用的一种电价制度。

（五）峰谷电价制度

1. 峰谷电价制度的含义

峰谷电价制度是指按电网日负荷的峰、谷、平三个时段规定不同的电价，峰、谷时段电价的上下浮动水平根据各省的实际有所差别，一般按照 50%～60%上下浮动。

2. 峰谷电价制度的适用范围

以某省为例，供电区域内执行峰谷分时电价范围主要是 100kVA 及以上的工业用电、电熔炉（含蓄冰制冷）用电的电度电价、单一居民照明用电。

各供电区域内执行峰谷分时电价范围按照各供电区域内相关政策执行。

3. 峰谷电价制度的优点

峰谷电价制度与季节性电价制度一样，既起到了价格经济杠杆作用，又考虑了客户的用电时间，因此对客户用电起到了鼓励和制约作用，是世界各国普遍采用的一种电价制度。

（六）功率因数调整电费办法

1. 考核功率因数的目的

电力企业为了改善电压质量，减少损耗，需根据电网中无功电源的经济配置及运行的要求确定集中补偿无功电力的措施。并要求广大的电力用户分散补偿无功电力，这样可以做到按电压等级逐级补偿，同时补偿的无功电力可随负荷的变化进行调整，并实现自动投切，达到就近供给，就地平衡，使电网输送的无功电力为最少，又使用户在生产用电时电能质量较好，并能节省能源，用户亦能相应地减少电费支出。考核功率因数的目的在于检验用户无功功率补偿的情况，通过功率因数的考核，实现改善电压质量、减少损耗、减少电费支出，使供用电双方和社会都能取得最佳的经济效益。

2. 功率因数考核标准及执行范围

现行的《功率因数调整电费办法》，其考核对象并不是一刀切的，而是依据各类用户不同的用电性质及功率因数可能达到的程度，分别规定其功率因数标准值及考核办法，现分述如下。

（1）按月考核加权平均功率因数，分为三个不同级别。级别一般按用户用电性质、供电方式、电价类别及用电设备容量等因素进行划分。

1）功率因数考核值为 0.90 的，适用于 10kVA 以上的高压供电的工业客户（包括乡镇工业客户）、装有带负荷调整电压装置的高压供电电力客户和 3200kVA 及以上的高压供电电力排灌站。

2）功率因数考核值为 0.85 的，适用于 100VA（kW）及以上的其他工业客户（包括乡镇工业客户）、非工业客户和 100VA（W）及以上的电力排灌。

3）功率因数标准值为 0.80 的，适用于 10VA（kW）及以上的农业客户和趸售客户，但大工业客户未划由电业直接管理的趸售客户，功率因数标准应为 0.85。

（2）根据电网具体情况，需要对部分用户用电的功率因数做出特定的规定或考核办法的，其办法有以下几种：

1）对大用户实行考核高峰功率因数，即考核用户在电网全月的高峰负荷时段内的平均功率因数，更接近电网无功功率变化的实际，更有利于进一步保证电压质量。同时，也可避免一些用户为片面追求较高的月平均功率因数而在电网低谷负荷时间向电网倒送无功电力所引起的弊病。

用户在当地供电企业规定的电网高峰负荷时的功率因数，应达到下列规定：

a. 100kVA 及以上高压供电的用户功率因数为 0.90 以上。

b. 其他电力用户和大中型电力排灌站，购转售电企业，功率因数为 0.85 以上。

c. 农业用电，功率因数为 0.80。

2）对部分用户试行考核高峰、低谷两个时段的功率因数，这是根据电网对无功电力的需要或用户用电特殊制定的。对用户采取分时段考核功率因数时，应分别计算和考核用户全月在电网高峰和低谷两个时段的功率因数。

3）对部分不需增设补偿设备用电功率因数就能达到规定标准的，或者是离电源点较近，电压质量较好，不须进一步提高用电功率因数的用户，可以按照电网或局部无功电力的实际情况，降低考核功率因数的标准值，或者是不实行功率因数调整电费的办法。

3. 功率因数调整电费管理办法

功率因数调整电费管理办法是指客户的实际功率因数高于或低于规定标准功率因数时，在按照规定的电价计算出客户当月电费后，再按照功率因数调整电费表（见表 5-1～表 5-3）所规定的百分数计算减收或增收的调整电费。以某省为例，除临时用电、工业企业的保安电源、执行居民生活电价的路灯和城市亮化用电、居民客户及与住宅建筑配套的消防设施、电梯、水、公灯外，凡受电容量在 100kVA（kW）及以上的高、低压客户均执行功率因数调整电费办法。

表 5－1　　　　　　　　　　　以 0.9 标准值的功率因数调整电费表

减收电费	实际功率因数	0.90	0.91	0.92	0.93	0.94	0.95～1.00											
	月电费减少（%）	0.00	0.15	0.30	0.45	0.60	0.75											
增收电费	实际功率因数	0.89	0.88	0.87	0.86	0.85	0.84	0.83	0.82	0.81	0.8	0.79	0.78	0.77	0.76	0.75	0.74	0.73
	月电费增加（%）	0.50	1.00	1.50	2.00	2.50	3.00	3.50	4.00	4.50	5.00	5.50	6.00	6.50	7.00	7.50	8.00	8.50
	实际功率因数	0.72	0.71	0.70	0.69	0.68	0.67	0.66	0.65	功率因数自 0.64 及以下，每下降 0.01，电费增加 2%								
	月电费增加（%）	9.00	9.50	10.00	11.00	12.00	13.00	14.00	15.00									

表 5－2　　　　　　　　　　　以 0.85 标准值的功率因数调整电费表

减收电费	实际功率因数	0.85	0.86	0.87	0.88	0.89	0.90	0.91	0.92	0.93	0.94～1.00							
	月电费减少（%）	0.0	0.1	0.2	0.3	0.4	0.5	0.65	0.80	095	1.1							
增收电费	实际功率因数	0.84	0.83	0.82	0.81	0.80	0.79	0.78	0.77	0.76	0.75	0.74	0.73	0.72	0.71	0.70	0.69	0.68
	月电费增加（%）	0.5	1.0	1.5	2.0	2.5	3.0	3.5	4.0	4.5	5.0	5.5	6.0	6.5	7.0	7.5	8.0	8.5
	实际功率因数	0.67	0.66	0.65	0.64	0.63	0.62	0.61	0.60	功率因数自 0.59 及以下，每下降 0.01，电费增加 2%								
	月电费增加（%）	9.00	9.50	10.00	11.00	12.00	13.00	14.00	15.00									

表 5－3　　　　　　　　　　　以 0.8 标准值的功率因数调整电费表

减收电费	实际功率因数	0.80	0.81	0.82	0.83	0.84	0.85	0.86	0.87	0.88	0.89	0.90	0.91	0.92～1.00				
	月电费减少（%）	0.0	0.1	0.2	0.3	0.4	0.5	0.60	0.7	0.8	0.9	1.0	1.15	1.30				
增收电费	实际功率因数	0.79	0.78	0.77	0.76	0.75	0.74	0.73	0.72	0.71	0.70	0.69	0.68	0.67	0.66	0.65	0.64	0.63
	月电费增加（%）	0.5	1.0	1.5	2.0	2.5	3.0	3.5	4.0	4.5	5.0	5.5	6.0	6.5	7.0	7.5	8.0	8.5
	实际功率因数	0.62	0.61	0.60	0.59	0.58	0.57	0.56	0.55	功率因数自 0.54 及以下，每下降 0.01，电费增加 2%								
	月电费增加（%）	9.00	9.50	10.00	11.00	12.00	13.00	14.00	15.00									

4. 功率因数的计算

（1）凡实行功率因数调整电费的用户，应装设带有防倒装置的无功电能表，按用户每月实用有功电量和无功电量，计算月加权平均功率因数。

（2）凡装有无功补偿设备且有可能向电网倒送无功电量的用户，应随其负荷和电压变动及时投入或切除部分无功补偿设备。供电企业应在计费计量点加装带有防倒装置的反向无功电能表，按倒送的无功电量与实用无功电量两者的绝对值之和计算月平均功率因数。

（3）根据电网需要，对大用户实行高峰功率因数考核，加装记录高峰时段内有功、无功电量的电能表，据以计算月平均高峰功率因数；对部分用户还可试行高峰、低谷两个时段分别计算功率因数。

5. 电费的调整

（1）当考核计算的功率因数高于或低于规定的标准时，应按照规定的电价计算出用户的当月电费后，再按照功率因数调整电费表规定的百分数计算减收或增收的调整电费。如果用户的功率因数在功率因数调整电费表所列两数之间，则以四舍五入后的数值查表计算。

（2）对于个别情况可以降低考核标准或不予考核。对于不需要增设无功补偿设备，功率因数仍能达到规定标准的用户，或离电源较近，电能质量较好，无须进一步提高功率因数的用户，都可以适当降低功率因数标准值，也可以经省（自治区、直辖市）批准，报电网管理局备案后，不执行功率因数调整电费办法。

对于已批准同意降低功率因数标准的用户，如果实际功率因数高于降低后的标准时，不予减收电费，但低于降低后的标准时，则按增收电费的百分数办理增收电费。

（七）临时用电电价制度

我国对拍电影、电视剧，基建工地，水利、市政建设抢险救灾、举办大型展览等临时用电实行临时用电电价制度，电费收取可装表计量电量，也可按其用电设备容量或用电时间收取。对未装用电计量装置的客户，供电企业应根据其用电容量，按双方约定的每日使用时数和使用期限预收全部电费。用电终止时，如实际使用时间不足约定期限 1/2 的，可退还预收电费的 1/2；超过约定期限 1/2 的，预收电费不退，到约定期限时，终止供电。

（八）电价制度的应用

电价制度应用于所有电力客户中，有的客户执行的是一种电价制度，有的客户执行的是多种电价制度。

1. 居民客户和小力客户［容量在 100kVA（kW）以下］

居民客户的用电设备简单，用电性质单一，用电量也比较小，我国居民客户执行的电价制度是单一制电价制度。

2. 100VA（kW）及以上的动力客户（除大工业客户以外）

这类客户的用电容量较大，因此，在执行单一制电价制度的同时还要执行功率因数调整电费办法，以及丰枯、峰谷电价制度。

3. 大工业用户（受电变压器容量在 315kVA 及以上的工业用户）

大工业用户用电设备复杂，用电量大，执行的电价制度有两部制电价制度、功率因数调整电费办法及丰枯、峰谷电价制度。

二、单一制电价用户电费计算方法

（一）单一制电价电费构成与计算

1. 电费构成

单一制电价是一种比较简单的快速计算电费的方式，其价格构成除度电成本外，还应当包括经过折算后的容量成本和企业的合理利润。这种方式计算客户电费与两部制电价相比，类别是不能科学分摊供电企业的容量成本。

2. 单一制电价电费的计算

（1）居民客户电费的计算方法。居民客户电费计算公式为

电费金额＝抄见电量×电能单价

（2）其他单一制电价客户电费计算方法。其他单一制电价主要包括非居民照明工业电价（含商业电价、第三产业电价）、普通工业电价、农业生产电价、贫困县农业排灌电价等。其他单一电价客户容量达到 100kVA 及以上的，还要实行功率因数调整电费办法。功率因数调整电费计算公式为

电费金额＝抄见电量×电价＋抄见电量×电价×（±）功率因数增、减（%）
　　　　　＋其他代收

其中，功率因数增、减率可按下式先计算出功率因数值

$$功率因数值 = \frac{有功电量}{\sqrt{有功电量^2 + 无功电量^2}}$$

然后对照功率因数标准值调整电费表（见表 5–1～表 5–3）查出增、减电费（%）再进行结算。

（3）实行峰谷电价客户电费计算方法。计算方式为

电费金额＝高峰抄见电量×高峰电价＋低谷抄见电量×低谷电价
　　　　　＋平段抄见电量×平段电价＋（高峰抄见电量×高峰电价
　　　　　＋谷抄见电量×低谷电价＋平段抄见电量×平段电价）
　　　　　×（±）功率因数增、减（%）＋其他代收

（二）计算实例

1. 居民客户的电费计算实例

一居民客户本月电能表抄见电量为 162kWh，假定电价为 0.538 元/kWh，客户本月应交多少电费？

解：应交电费为 162×0.538＝87.156（元）

答：该客户本月应交电费为 87.156 元。

2. 其他单一制电价客户电费计算实例

某五金厂为工业用电，10kV 供电，变压器容量为 160kVA，2019 年 9 月有功电量为 70 390kWh，其中峰电量为 22 753kWh，谷电量为 23 255kWh，平电量为 24 382kh，无功电量为 28 668kh。计算该户的功率因数、功率因数调整电费、9 月总电费。（非普工业电价 0.616 7 元/kWh，电价系数高峰为 150%，低谷为 50%，均不含价外基金及附加费，其中电力建设资金 0.02 元，三峡工程建设基金 0.007 元，城市附加费 0.01 元，再生能源费 0.001 元，地方库建 0.005 元，农网还贷 0.008 3 元）

解：

峰段电度电费为 0.616 7×150%×22 753＝21 047.66（元）

谷段电度电费为 0.616 7×50%×23 255＝7170.68（元）

平段电度电费为 0.616 7×24 382＝15 036.38（元）

电度电费合计为 21 047.66＋7170.68＋15 036.38＝43 254.72（元）

加价合计为 70 390×(0.02＋0.007＋0.01＋0.001＋0.005＋0.008 3)＝329 425（元）

功率因数为 $\cos\varphi=70\,390\sqrt{(70\,390^2+28\,668^2)}=0.93$

根据功率因数调整电费对照表，应减收 0.45%电费

功率因数调整电费为 43 254.72×(−0.45)＝−194.65（元）

该户电费总计为 43 254.72＋3294.25−194.65＝46 354.32（元）

答： 该户功率因数为 0.93，功率因数调整电费−194.65 元，9 月总电费 46 354.32 元

三、基本电费的计算方法

（一）基本电费的相关规定

基本电价是代表电力企业中的容量成本，即固定资产的投资费用。基本电费的计算可按变压器容量计算，也可按最大需量计算。对哪类客户选择哪种计算办法，可由电网管理的电力主管部门根据情况决定。

（1）按客户自备受电变压器计算。凡是以自备专用变压器受电的客户，基本电费可按变压器容量计算，不通过专用变压器接用的高压电动机按具体容量另加千瓦数计算基本电费，1kW 相当于 1kVA。

（2）按最大需量计算。由电业部门安装最大负荷需求量表记录最大需求量的客户，其基本电费按最大需量计算，并应执行下述规定：

1）最大需量以客户申请、电业部门核准数为准，超过核准数部分时，加倍收费；小于核准数时，按实抄千瓦数计算。

2）最大需量应包括不通过变压器接用的高压电动机容量，倘若实际发生的负荷量低于设备总容量的 40%，则按总容量的 40%核定最大需求量。

3）最大需量应以指示 15min 内平均最大需求量表为标准。

（二）客户基本电费计算标准

（1）按最大需量或按变压容量。按照变压器容量收取基本电费的原则为：基本电费以

月计算，但新装、增容、变更与终止用电，当月的基本电费可按实用天数（日用电不足 24h 的，按一天计算），每日按全月基本电费 1/30 计算，事故停电、检修停电、计划限电不扣减基本电费。

（2）对转供容量的计算。转供户扣除转供容量不足两部制电价标准的，仍按两部制电价计收。被转供户的容量达到两部制电价时，实行两部制电价。

（3）对备用设备容量可参照下列原则与客户以协议方式规定：《供电营业规则》以变压器容量计算基本电费的客户，其备用的变压器（含高压电动机），属冷备用状态并经供电企业加封的，不收基本电费；属热备用状态的或未经加封的，不论使用与否都计收基本电费；客户专门为调整用电功率因数的设备，如电容器、调相机等，不计收基本电费。

（三）大工业客户自行选择基本电费的计费方式

大工业客户自行选择基本电费的计费方式后，在 1 年之内应保持不变，即明确 1 年为时间周期。最大需量的核定仍然按现行有效的电价说明规定执行。

1. 基本电费的计算

（1）基本电费可按客户的受电总容量发行，也可按客户的最大需量发行。只能选择其中一种依据发行。至于是依据受电总容量还是依据最大需量发行，根据有关规定和双方签订的合同执行。

（2）最大需量的量值按抄表员上装值计算。受电总容量按供用双方约定的运行容量计算。

（3）基本电费的计算公式。

1）按受电容量计收时

$$基本电费=基本电价 \times 约定总容量$$

式中，基本电价为有权价格部门核定的单位容量费用，单位为元/（kVA·月）。

2）按最大需量计收时

$$基本电费=基本电价 \times 最大需量$$

式中，基本电价为有权价格部门核定的单位最大需量费用，单位为元/（kW·月）。

（4）按设备容量计收基本电费的客户，如设备运行天数不足一个月时，按实际使用天数，每天按全月基本电费的 1/30 计收。

2. 多路供电的基本电费计算

电力客户负荷较大的一个受电点作为一个计量单位，多个受电点的最大需量不能累计计算，而应分别计算。

（1）一个受电点有两路及以上进线，正常时间同时使用。

按变压器容量计算：各路按受电变压器容量相加计算基本电费。

按最大需量计算：各路进线应分别计算最大需量，如因电力部门计划检修或其他原因，造成客户倒用线路增加的最大需量，其增大部分计算时可以合理扣除。

（2）一个受电点有两路电源或两个回路供电，经电力部门认可，正常时互为备用。

按变压器容量计算：应选择容量大的变压器的容量来计算。

按最大需量计算；应选择其最大需量千瓦数较大的一台计收基本电费。

（3）一个受电点有两路电源或两个回路供电。其中一路为正常（主要供电）电源，另一路为保安备用电源，则保安备用电源实行单一制电价，对用电容量达到 100kVA 的，应同时实行功率因数调整电费办法。正常电源基本电费按变压器容量或最大需量计算。

（四）计算实例

某工业用户变压器容量为 400VA，装有有功电能表和双向无功电能表各 1 块。已知某月该户有功电能表抄见电量为 40 000kWh，无功电能抄见电量为 30 000kvarh。求该户当月应交多少电费？[假设工业用户电价为 0.664 4 元/kWh，基本电费电价为 30 元/（VA·月）]

解：该户当月电度电费 = 40 000×0.664 4 = 26 576（元）

$$基本电费 = 400×30 = 12 000（元）$$

$$当月功率因数 \cos\varphi = 0.8$$

该户当月功率因数为 0.8，功率因数标准应为 0.9，查表得功率因数调整率为 5%，得

$$功率因数调整电费（26 576 + 12 000）×5\% = 1928.8（元）$$

$$电费合计 = 26 576 + 12 000 + 1928.8 = 40 504.8（元）$$

答：该户当月应缴电费为 40 504.8 元。

四、客户用电信息变更的电费计算

（一）相关规定

（1）基本电费以月计算，但新装、增容、变更和终止用电当月的基本电费，可按实用天数（日用电不足 24h 的，按一天计算），每日按全月基本电费 1/30 计算。事故停电、检修停电、计划限电不扣减基本电费。

（2）若用户有不经变压器而直接接用的高压电动机时，计算基本电费应加上高压电动机的容量，千瓦视同千伏安。

（3）受电变压器总容量在 315kVA 及以上的工业客户应执行大工业电价；装设一大一小两台变压器的工业客户，两台变压器互为备用（不同时使用），且单台变压器容量均小于 315VA 时，执行普通工业电价；大工业客户的基本电费计费方式变更时，当月的基本电费仍按原结算方式计收。对按最大需量计费的客户，以全天峰段、平段、谷段的最大需量作为基本电费的结算依据。

（4）对有两路及以上进线的工业用电，应根据每路电源的受电容量的大小以及电源性质，核定所执行的电价。每路电源受电容量（不含所用变压器）在 315kVA 及以上，且电源性质属于主供电源或备用电源时，执行大工业电价；不足 315kVA 时，执行普通工业电价；保安电源不论容量大小，均执行普通工业电价。

（5）对按变压器容量计收基本电费时，按正常运行方式下每路电源受电总容量计算基本电费；对按最大需量计收基本电费时，按每路电源分别计算最大需量。单电源客户的受电总容量是指该电源供电的主变压器容量（一般不包含所用变压器，当所用变压器不装表

且在总表内时，可对所用变压器执行大工业电价）。双电源客户，当两路电源同时受电时，每路电源的受电容量为打开高压母联后该路的主变压器容量，并分别计收基本电费；一路主供一路备用时，每路电源的受电容量为该路能够供电的最大主变压器容量之和，在核定的方式下，按其中容量或最大需量较大的一路计收基本电费。

（6）客户确因生产不景气转产等原因，在一个日历年内可以同时办理暂停和减容。减容期满后以及新装、增容不足两年的客户，办理暂停减容时不再收取减少或暂停容量 50% 的基本电费；对办理暂停、非永久性减容的客户基本电费按实收取，不论剩余容量大小，电度电价、功率因数标准不变，执行峰谷分时电价不变；无论采取何种基本电费结算方式，对实际最大需量超出减容、暂停后约定容量的，遵照《供电营业规》第一百条第二款规定，按私自增容进行违约用电处理。

（7）暂停用电必须是整台或整组变压器，每次不得少于 15 天，对按最大需量计收基本电费的客户，必须是整日历月的暂停。暂停、减容起止月份的基本电费按实际使用天数、每天按全月基本电费的 1/30 计收。发生暂停、减容等变更用电，计算基本电费和变压器损耗时，加封当日不计收基本电费和变压器损耗，启用当日计收基本电费和变压器损耗。取消原规定暂停用电每年不得超过两次、累计不得超过 6 个月的规定，取消最大需量计费方式必须是全部容量暂停的规定。

（二）计算实例

某一工业用户装有 1000kVA 和 630kVA 变压器各一台，2018 年 5 月 14 日月 23 日停用 1000VA 变压器，又于 7 月 22 日启用，该户 5～7 月如何计收基本电费？

解：（1）5 月份基本电费计算。

一台 1000kVA 变压器 5 月 14 日暂停，按照起算停不算的原则，5 月份 1630kVA 用了 13 天，630kVA 用了 31－13＝18 天

$$计费容量 = 1630 \times (13/30) + 630 \times (18/30) = 706 + 378 = 1084（kVA）$$

该户 5 月份的基本电费为

$$基本电费 = 1084 \times 30 = 32\ 520（元）$$

（2）6 月份 1000kVA 变压器全月停用，故只算 630kVA 变压器的基本电费。

$$基本电费 = 630 \times 30 = 18\ 900（元）$$

（3）7 月份 630kVA 变压器未停，7 月份 1000VA 变压器自 22 日起启用，应算 10 天的基本电费。

$$计费容量 = 630 \times (21/30) + 1630 \times (10/30) = 441 + 543 = 984（kVA）$$
$$基本电费 = 984 \times 30 = 29\ 520（元）$$

五、电价执行相关文件、标准

1.《国家发展改革委、国家源局关于积极进风电、光伏发电无补贴平价上有关工作的通知》（发改能〔2019〕9 号）

2.《国家发展改革委关于善风电上电价政策的通知》（发改价格〔2019〕882号）

3.《国家发展改革委关于完善光伏发电上网电价机制有关问题的通知》（发改价格〔2019〕761号

4.《浙江省物价局转发国家发展改革委关于电动汽车用电价格政策有关问题的通知》（浙价资〔2014〕205号）

5.《关于取消临时接电费和明确自备电厂有关收费政策的通知》（发改办价格〔2017〕1895号）

6.《浙江省物价局关于规范供电企业营业收费的通知》（浙价资〔2017〕19号）

7.《国家发展改革委、财政部、国家能源局关于2018年光伏发电有关事项的通知》（发改能源〔2018〕323号

8.《浙江省物价局关于增量配电网配电价格有关事项的通知》（价资〔2018〕150号）

9.《浙江省物价局、国网浙江省电力有限公司关于进一步理规范转供电环节不合理加价行为的通知》（价资〔2018〕109号）

10.《浙江省物价局关于对余热、余压、余气自备电厂有关收费政策的通知》（浙价〔2018〕56号）

11.《省发展改委关于进一步落实绿色发展电价政策的通知》（浙发改价格〔2019〕305号）

12.《省发展改革委关于电价调整有关事项的通知》（浙发改价格〔2019〕527号）

13.《浙江省财政厅关于停征小型水库移民扶助基金的通知》（浙财综〔2019〕23号）

第六章

带电作业相关知识

本章立足全能型供电所的发展规划和管理思路,以提升全能型供电所配网带电作业专业水平为基本出发点进行编写,从配网角度重点介绍带电作业相关基本知识,总结带电作业的注意事项。

第一节　带电作业基本知识

一、带电作业基础专业知识

1. 带电作业的特点

带电作业在配网中一般称为配网不停电作业,是以实现用户不中断供电为目的,采用带电作业、旁路作业等方式对配网设备进行检修的作业方式。两者的区别与联系在于,不停电作业是从实现用户不停电的角度定义电力设备的检修工作,而带电作业是从电力设备带电运行状态定义检修工作,不停电作业强化了检修工作对用户的服务意识。

与传统的停电作业相比,带电作业对人员技能水平、作业装备及工器具要求更高,倒闸操作次数大幅度减少,发生安全事故概率降低,对提升供电可靠性和服务质量效果明显,具有"一特三高"的特点。

一特:指具有特殊性。在一定的空间作业,又是在一定的电场中作业,必要时人体还要处于运行电压下工作,要求作业人员有很高的技能。

三高:指条件要求高、安全要求高、工作效率高。

(1)条件要求高:必须在气象条件良好、工作环境适宜、工具设备齐全可靠、技术条件符合要求的前提条件下方可进行。

(2)安全要求高:安全是带电作业的生命,要保证安全,必须遵循操作程序化、制度化、标准化、安全化。

(3)工作效率高:人员经特殊培训,人员技术水平高、组织措施得力,可大大节省检修时间。

带电作业的安全性远高于传统停电作业。采用三层绝缘保护(绝缘手套、绝缘遮蔽、绝缘斗臂车）作业，每一层绝缘都能耐受全部电压，大幅降低停电作业中可能存在的诸多触电风险；作业人员处于绝缘斗内，且有腰绳保护，绝缘臂的高可靠性降低了高空坠落风险；由于带电作业不挂地线，因此不可能发生带地线合开关导致的设备事故；且工作时间没有严格限制，作业人员不必匆忙投入工作。

带电作业的工作程序简单，经济效益高。虽然带电作业增加了安装绝缘包覆的工作环节，但此环节不需要大量辅助作业，用人少、省时间，缺点是戴绝缘手套不如戴普通手套作业方便。虽然带电作业必备的工具绝缘斗臂车、绝缘遮蔽工具造价较高，但如果将成本摊销在寿命期的每次作业中则并不高。一般作业只需 4 名作业人员，不停电、不影响效益，供电可靠性高，有利于提高供电企业信誉。

2. 带电作业可能对人体的影响

人体阻抗因人而异，一般可按 1000Ω 进行估算。在干燥条件下，接触面积为 50～100cm^2，电流路径为手—手或手—脚，人体阻抗值如表 6−1 所示。

表 6−1　　　　　　　　人 体 阻 抗 值

接触电压（V）	人体阻抗（Ω）低于下列数值的人数百分比		
	总人数 5%	总人数 50%	总人数 95%
25	1750	3250	6100
50	1450	2625	4275
75	1250	2200	3500
100	1200	1875	3200
125	1125	1625	2875
220	1000	1350	2125
700	750	1100	1550
1000	700	1050	1500

人体对工频稳态电流的生理反应可以分为感知、震惊、摆脱、呼吸痉挛和心室纤维性颤动，其相应电流阈值如表 6−2 所示。国际电工委员会（IEC）对交流电流下人体生理效应的推荐值如表 6−3 所示。

表 6−2　　　　　人体对稳态电击产生生理反应的电流阈值　　　　　（mA）

生理反应	感知	震惊	摆脱	呼吸痉挛	心室纤维性颤动
男性	1.1	3.2	16.0	23.0	100
女性	0.8	2.2	10.5	15.0	100

表 6-3 IEC 对交流电流下人体生理效应的推荐意见

人体生理效应		15～100Hz 交流电流（mA）
感知电流阈值		0.5
摆脱电流阈值		10
心室纤颤电流阈值	持续时间为 3s	40
	持续时间为 1s	50
	持续时间为 0.1s	400～500

人员在带电作业过程中，构成了各种各样的电极结构。其中主要的电极结构有导线—人与横担、导线与人—构架、导线与人—横担、导线与人—导线等。由于带电作业的现场环境和带电设备布局的不同、带电作业工具和作业方式的多样性、人在作业过程中有较大的流动性等因素，使带电作业中遇到的高压电场变化多端，因此需要了解电场的基本特征和分类。按电场的均匀程度可将静电场分为均匀电场、稍不均匀电场和极不均匀电场三类。

在均匀电场中，各点的场强大小与方向都完全相同。例如，一对平行平板电极，在极间距离比电极尺寸小得多的情况下，电极之间的电场就是均匀电场（电极边缘部分除外）。均匀电场中各点的电场强度 E 为施加在两电极间的电压 U 与平板电极间的距离 d 的比值

$$E = U / d \tag{6-1}$$

在不均匀电场中，各点场强的大小或方向是不同的。根据电场分布的对称性，不均匀电场又可分为对称型分布和不对称型分布两类。在极不均匀电场中，一般以棒—极电极作为典型的不对称分布电场，以棒—棒电极作为典型的对称分布电场。由于不均匀电场中各点场强随电极形状与所在位置而变化，所以通常采用平均场强 E_{av} 和电场不均匀系数 f 予以描述。电场不均匀系数 f 是最大场强与平均场强的比值

$$f = E_{max} / E_{av} \tag{6-2}$$

人体皮肤对表面局部场强的"电场感知水平"为 240kV/m，据试验研究，人站在地面时头顶部的局部最高场强为周围场强的 13.5 倍。一个中等身材的人站在地面场强为 10kV/m 的均匀电场中，头顶最高处体表场强为 135kV/m，小于人体皮肤的"电场感知水平"。所以，国际大电网会议认为高压输电线路下地面场强为 10kV/m 时是安全的。苏联规定在地面场强为 5kV/m 以下时，工作时间不受限制，超过 20kV/m 的地方，则需采取防护措施。我国《带电作业用屏蔽服及试验方法》（GB 6568.2—2000）规定，人体面部裸露处的局部场强允许值为 240kV/m。

带电作业人员在电场中工作时，因静电感应可能会受到电击。当人体对地绝缘时，如图 6-1（a）所示，人体在强电场中可视为导体，因静电感应处于某一电位，如果触及接地体，人体上感应电荷能通过接触点对地放电。如作业人员攀登杆塔时，由于离导线

很近，人体感应电压较高，当手触及铁梁时，手上就有放电刺痛感。当人体处于地电位时，如图 6-1（b）所示，对地绝缘的金属导体在电场中因感应具有一定电位，处于地电位的人用手去触摸，同样会受电击。当暂态电击能量阈值为 0.1mJ 时，人体有感知；当电击能量在 0.5～1.5mJ 之间，生理反应表现为烦恼；当达到 25 000mJ 时，人体损伤甚至死亡。

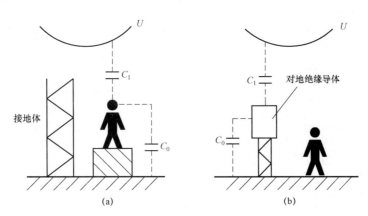

图 6-1　人体对地绝缘及处于地电位示意图

（a）人体对地绝缘；（b）人体处于地电位

因此，带电作业时不仅能保证人身没有触电受伤的危险，而且也能保证作业人员没有任何不舒服的感觉，就必须满足下面三个要求：

（1）流经人体的电流不超过人体的感知水平 1mA（1000μA）。

（2）人体体表局部场强不超过人体的感知水平 240kV/m（2.4kV/cm）。

（3）与带电体保持规定的安全距离。

3. 配网不停电作业项目分类

按不停电作业方式可分为绝缘杆作业法、绝缘手套作业法和综合不停电作业法。常用配网不停电作业项目按照作业难易程度可分为四类：

第一类为邻近带电体作业和简单绝缘杆作业法项目，包括普通消缺及装拆附件、带电更换避雷器等。

第二类为简单绝缘手套作业法项目，包括带电断接引流线、更换直线杆绝缘子及横担、更换柱上开关或隔离开关等。

第三类为复杂绝缘杆作业法和复杂绝缘手套作业法项目。复杂绝缘杆作业法项目包括更换直线杆绝缘子及横担、带电断接空载电缆线路与架空线路连接引线等。复杂绝缘手套作业法项目包括带负荷更换柱上开关或隔离开关、直线杆改耐张杆等。

第四类为综合不停电作业项目，包括不停电更换柱上变压器、旁路作业检修架空线路、从环网箱（架空线路）等设备临时取电给环网箱（移动箱式变电站）供电等。

常用不停电作业项目分类如表 6-4 所示。

表 6-4 常用不停电作业项目分类

序号	常用作业项目	作业类别	作业方式	不停电作业时间（h）	减少停电时间（h）	作业人数（人·次）
1	普通消缺及装拆附件，包括修剪树枝、清除异物、扶正绝缘子、拆除退役设备，加装或拆除接触设备套管、故障指示器、驱鸟器等	第一类	绝缘杆作业法	0.5	2.5	4
2	带电更换避雷器	第一类	绝缘杆作业法	1	3	4
3	带电断引流线，包括熔断器上引线、分支线路引线、耐张杆引流线	第一类	绝缘杆作业法	1.5	3.5	4
4	带电接引流线，包括熔断器上引线、分支线路引线、耐张杆引流线	第一类	绝缘杆作业法	1.5	3.5	4
5	普通消缺及装拆附件，包括清除异物、扶正绝缘子、修补导线及调节导线弧垂、处理绝缘导线异响、拆除退役设备、更换拉线、拆除非承力拉线，加装接地环，加装或拆除接触设备套管、故障指示器、驱鸟器等	第二类	绝缘手套作业法	0.5	2.5	4
6	带电辅助加装或拆除绝缘遮蔽	第二类	绝缘手套作业法	1.	2.5	4
7	带电更换避雷器	第二类	绝缘手套作业法	1.5	3.5	4
8	带电断引流线，包括熔断器上引线、分支线路引线、耐张杆引流线	第二类	绝缘手套作业法	1	3	4
9	带电接引流线，包括熔断器上引线、分支线路引线、耐张杆引流线	第二类	绝缘手套作业法	1	3	4
10	带电更换熔断器	第二类	绝缘手套作业法	1.5	3.5	4
11	带电更换直线杆绝缘子	第二类	绝缘手套作业法	1	3	4
12	带电更换直线杆绝缘子及横担	第二类	绝缘手套作业法	1.5	3.5	4
13	带电更换耐张杆绝缘子串	第二类	绝缘手套作业法	2	4	4
14	带电更换柱上开关或隔离开关	第二类	绝缘手套作业法	3	5	4
15	带电更换直线杆绝缘子	第三类	绝缘杆作业法	1.5	3.5	4
16	带电更换直线杆绝缘子及横担	第三类	绝缘杆作业法	2	4	4
17	带电更换熔断器	第三类	绝缘杆作业法	2	4	4
18	带电更换耐张绝缘子串及横担	第三类	绝缘手套作业法	3	5	4
19	带电组立或撤除直线电杆	第三类	绝缘手套作业法	3	5	8
20	带电更换直线电杆	第三类	绝缘手套作业法	4	6	8
21	带电直线杆改终端杆	第三类	绝缘手套作业法	3	5	4
22	带负荷更换熔断器	第三类	绝缘手套作业法	2	4	4
23	带负荷更换导线非承力线夹	第三类	绝缘手套作业法	2	4	4
24	带负荷更换柱上开关或隔离开关	第三类	绝缘手套作业法	4	6	12
25	带负荷直线杆改耐张杆	第三类	绝缘手套作业法	4	6	5
26	带电断空载电缆线路与架空线路连接引线	第三类	绝缘杆作业法、绝缘手套作业法	2	4	4

续表

序号	常用作业项目	作业类别	作业方式	不停电作业时间（h）	减少停电时间（h）	作业人数（人·次）
27	带电接空载电缆线路与架空线路连接引线	第三类	绝缘杆作业法、绝缘手套作业法	2	4	4
28	带负荷直线杆改耐张杆并加装柱上开关或隔离开关	第四类	绝缘手套作业法	5	7	7
29	不停电更换柱上变压器	第四类	综合不停电作业法	2	4	12
30	旁路作业检修架空线路	第四类	综合不停电作业法	8	10	18
31	旁路作业检修电缆线路	第四类	综合不停电作业法	8	10	20
32	旁路作业检修环网箱	第四类	综合不停电作业法	8	10	20
33	从环网箱（架空线路）等设备临时取电给环网箱、移动箱变供电	第四类	综合不停电作业法	2	4	24

4. 配网不停电作业方式

按所使用的绝缘工具不同，配网不停电作业方式分为绝缘杆作业法、绝缘手套作业法和综合不停电作业法三种。

（1）绝缘操作杆作业法。指作业人员与带电部分保持一定安全距离，用绝缘杆进行作业，当安全距离不能够满足时，必须采用安全防护用具。作业人员通过登杆工具（脚扣等）登杆至适当位置，系上安全带，保持与系统电压相适应的安全距离，应用端部装配有不同工具附件的绝缘杆进行作业。采用这种作业方式时，是以绝缘杆、绝缘服组成带电体与地之间的纵向绝缘防护，其中绝缘工具起主绝缘作用，绝缘服起辅助绝缘作用，形成后备防护。在相—相之间，空气间隙是主绝缘，绝缘遮蔽罩起辅助绝缘作用，组成不同相之间的横向绝缘防护。作业时应注意避免因工器具动作幅度过大造成相间短路，如图 6-2 所示作业人员正在使用绝缘操作杆。

图 6-2 作业人员正在使用绝缘操作杆

（2）绝缘手套作业法。指作业人员在绝缘工作平台（采用挑出脚板、独脚拔杆或带电作业高架车车斗等）上，通过绝缘手套并与周围不同电位适当隔离保护的直接对带电体进行作业。采用这种作业方式时，是以绝缘斗臂车（平台）、绝缘手套、绝缘靴组成带电体与地之间的纵向绝缘防护，其中绝缘斗臂车（平台）起主绝缘作用，绝缘手套、靴起辅助绝缘作用，形成后备防护。在相—相之间，空气间隙是主绝缘，绝缘遮蔽罩、绝缘服起辅助绝缘作用，组成不同相之间的横向绝缘防护。作业时注意避免因作业人员动作幅度过大造成相间短路，如图6-3所示为作业人员正在使用绝缘手套法作业。

图6-3 作业人员正在使用绝缘手套法作业

（3）综合不停电作业法。指综合运用绝缘杆作业法、绝缘手套作业法，借助旁路电缆、发电车、箱变车等辅助设备实施的作业项目，如图6-4所示。该方法既实现了用户不停

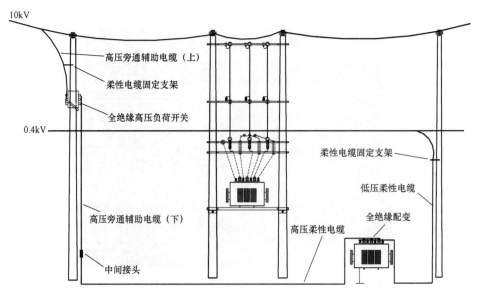

图6-4 综合不停电作业法示例

电，又能对电网设备进行停电检修，从而使复杂的带电作业简单化。作业时先引入旁路电缆对工作区域内的负荷进行临时供电，再将工作区域内的线路停电后进行检修，期间可以保证对用户的不间断供电，实现不停电检修。这种作业法使用的工具数量多，技术含量高。很多架空线路工作如配变更换（增容）、迁移杆线、更换导线等项目无法直接采用带电作业，但可以通过旁路作业实现不停电作业。

按作业人员的自身电位来划分，可分为地电位作业、中间电位作业、等电位作业三种方式。地电位作业时人体与带电体的关系是大地（杆塔）人→绝缘工具→带电体。中间电位作业时人体与带电体的关系是大地（杆塔）→绝缘体→人体→绝缘工具→带电体。等电位作业时人体与带电体的关系是带电体（人体）→绝缘体→大地（杆塔）。三种作业方式的区别及特点见图6-5。

（1）地电位作业。指作业人员处于地电位，使用绝缘工具间接接触带电设备的作业方法。其最大特点是：作业人员可在带电设备周围进行操作，不占据设备原有的空间尺寸，适合相间距离和对地距离较小的35kV以下线路和设备。人体与接地体处于同一电位，所处位置电场强度不高，不需要采取电场保护措施，如图6-6所示。

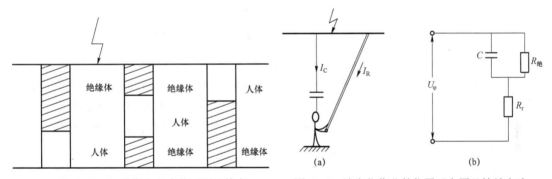

图6-5　三种作业方式的区别及特点

图6-6　地电位作业的位置示意图及等效电路
(a) 位置示意图；(b) 等效电路

（2）中间电位作业。指人员所处电位高于地电位低于导线电位，用较短的绝缘工具接触带电体的一种作业方法。图6-7为中间电位作业的位置示意图及等效电路。图中作业人员与带电设备之间的绝缘工具电阻记为 R_1，作业人员与地面之间的绝缘平台电阻记为 R_2，同时，人与带电设备之间还存在着电容 C_1，人与地面之间的电容则记为 C_2。电路中，电阻 R_1 和 R_2 将作业人员与带电体和接地体隔离开，两部分绝缘起到了限制流经人体电流的作用，电路中的两个电容起到了限制电容电流的作用。在绝缘工具与绝缘平台状态良好、作业环境符合规程的情况下，带电作业时流经人体的电流最大仅为微安级别，不会对作业人员造成伤害。

作业人员通过两部分绝缘体分别与接地体和带电体隔开，两部分绝缘体起着限制流经人体电流的作用。组合间隙是中间电位作业的一大特征。中间电位作业流经人体的电流略大于地电位作业，但不会超过数百微安，主要取决于组合间隙的绝缘击穿强度。在采用中间电位作业时,带电体对地电压由组合间隙承担,人体电位是一悬浮电位,与带电体和接地体均有电位差。在作业过程中应注意三个问题:

1)地面作业人员禁止直接用手向中间电位作业人员传递物品。

2)当电场强度较高时,中间作业人员应穿屏蔽服。

3)除绝缘工具保持良好的绝缘性能外,组合间隙应比同电压等级的单间隙大20%左右。

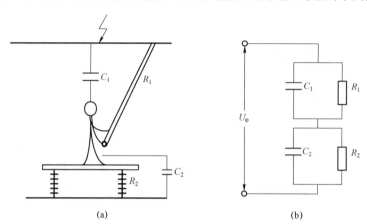

图6-7 中间电位作业的位置示意图及等效电路
(a)位置示意图;(b)等效电路

(3)等电位作业。指人体与带电体处于同一电位进行作业。作业时往往要占据设备净空尺寸,使得带电部位变大,电场畸变,设备放电电压降低,35kV及以下线路和设备不宜采用等电位作业。等电位作业最大特点是作业人员直接接触设备,极大地简化作业工具和操作程序,电压等级越高,效率越高。

5. 带电作业的绝缘配合

电力设备在运行中除承受额定电压外,还要承受时常出现的操作过电压和雷电过电压。在电力设备设计制造和电力系统运行中,必须考虑这些过电压,合理的绝缘配合,才能保证电网安全运行。同样带电作业过程中,空气间隙和绝缘工具也要考虑绝缘配合,才能保证带电作业的安全。

正常运行的电压不是一个定值,而是在一定范围内变化。由于系统的容量和负荷不同,线路的首末端电压不一样,最高工作电压比额定电压高10%~15%。计算试验电压时,按最高工作电压考虑。表6-5为各电压等级的最高电压值。

表6-5		各电压等级的最高电压值					(kV)
额定电压	10	35	66	110	220	330	500
最高电压	12	40.5	72.5	126	252	363	550

工频过电压一般由线路空载、不对称接地故障和甩负荷引起的,可采用并联电抗器的措施来限制工频过电压产生和幅值。我国规定工频过电压幅值母线侧不能超过1.3倍最高

工作相电压，线路侧不能超过 1.4 倍最高工作相电压。

操作过电压是在系统操作或故障状态下发生，主要有以下情况：① 线路合闸、合重合闸；② 切除空载变电器、合并联电抗器；③ 线路不对称故障分闸和振荡解列；④ 空载线路分闸等。操作过电压的大小取决于电网结构、断路器、避雷器的性能，以及运行方式等因素。我国规定标准操作波是 250/2500μs。操作过电压有正负极性，一般为正极性操作波。

在我国 GB 311.1—2012《高压输变电设备的绝缘配合》中，对各电压等级下的过电压倍数有规定，见表 6-6。

表 6-6　　　　　　　　　　　各电压等级下操作过电压的倍数

额定电压（kV）	非直接接地系统			直接接地系统				直流
	10	35	110	110	220	330	550	550
操作过电压倍数	4.0	4.0	3.5	3.0	3.0	2.75	2.0	1.8

绝缘工具的性能是带电作业安全与否的关键。在带电作业中，通常将绝缘损坏危险率称为危险率，可由式（6-3）算得。目前公认的危险率水平为小于 10^{-5}，即带电作业间隙每遇到一次系统操作过电压，就有十万分之一的放电可能性。

$$R_0 = \frac{1}{2}\int_0^\infty p_0(U)P_d(U)\mathrm{d}U \qquad (6-3)$$

在绝缘材料确定后，绝缘工具的电气强度由它的有效绝缘长度决定。绝缘长度的有效部分是在使用过程中遇到的各类最大过电压不发生闪络、击穿，并有足够安全裕度的绝缘尺寸，是带电作业工具设计和使用的一项重要技术指标。在计算工具有效绝缘长度时按工具使用中电场纵向计算，并扣除金属部件的长度。绝缘工具的有效绝缘长度取决于同电压等级的安全距离，两者不同的是前者是固体绝缘，后者是空气绝缘。固体绝缘易受潮气、材料老化等因素影响，导致固体绝缘降低，要维持同样的绝缘水平，则绝缘工具的有效绝缘长度大于安全距离。

配电线路的相间、相对地距离小，作业空间小，为确保作业人员及设备的安全，应有主绝缘和辅助绝缘用具组成多重安全防护。用通俗的话说，就是越绝缘越好。由于绝缘操作杆是手持工具，绝缘工具顶部在操作过程中往往会越过带电设备一段距离而使这段距离失效，故规定各级电压等级的操作杆均较绝缘承力工具增加 0.3m，以弥补上述失效的绝缘段。绝缘工具最小有效绝缘长度如表 6-7 所示。

表 6-7　　　　　　　　　　　绝缘工具最小有效绝缘长度　　　　　　　　　　（m）

电压等级（kV）	绝缘操作杆	绝缘承力工具、绝缘绳索
10	0.7	0.4
35	0.9	0.6
66	1.0	0.7

电压等级（kV）	绝缘操作杆	绝缘承力工具、绝缘绳索
110	1.3	1.0
220	2.1	1.8
330	3.1	2.8
500	4.0	3.7

带电作业良好的绝缘配合离不开科学合理地配置人员、工器具及车辆。作业人员配置宜按以下标准：第一、第二类作业项目每小组以 3~4 人为宜；第三、第四类和作业项目每小组以 6~10 人为宜，可根据项目适当增加人员。工器具及车辆配置时应遵循以下原则：第一、第二、第三类作业项目工器具及车辆数量以小组为单位配置；第二类作业项目工器具涵盖第一类；第三类作业项目工器具及车辆配置内容涵盖第二类，可适当调整；第四类作业项目工器具及车辆配置原则，以班组为单位并结合实际情况而定。各类作业项目常用工器具配置如表 6-8 所示。

表 6-8   各类作业项目常用工器具配置

序号	名称	作业类别	用途	备注
1	绝缘手套	第一类	作业人员手部绝缘防护	
2	防护手套	第一类	保护绝缘手套不受机械损伤	
3	绝缘靴或绝缘套鞋	第一类	作业人员足部绝缘防护	
4	安全带	第一类	杆塔作业防坠落保护	
5	绝缘安全帽	第一类	作业人员头部绝缘防护	
6	护目镜	第一类	作业人员眼部防护	
7	绝缘绳索	第一类	传递或承力	
8	绝缘遮蔽用具	第一类	各类设备绝缘遮蔽	
9	绝缘滑车及滑车组	第一类	传递工器具或紧放线用	
10	绝缘夹钳	第一类	绝缘杆作业时夹持导线或其他物体	
11	通用绝缘操作杆	第一类	可连接各类绝缘杆附件进行作业	
12	各类绝缘杆附件	第一类	可连接通用绝缘操作杆的作业小工具	
13	绝缘剪切工具	第一类	切断各类软质、硬质导地线	
14	绝缘压接工具	第一类	压接各类软质、硬质导地线	
15	绝缘测试仪	第一类	检测绝缘杆绝缘用	
16	温、湿度计	第一类	测试作业环境温湿度	
17	风速测试仪	第一类	测试作业环境风速	
18	高压验电器	第一类	检测电压用	
19	核相仪	第一类	检查相位和电压	
20	绝缘工作平台	第二类	作业人员进入配电线路简易绝缘介质	

续表

序号	名称	作业类别	用途	备注
21	绝缘斗臂车	第二类	作业人员进入配电线路机械绝缘介质	
22	绝缘披肩或绝缘服	第二类	作业人员躯干绝缘防护	
23	斗内安全带	第二类	绝缘斗臂车斗内防坠落保护	
24	绝缘遮蔽工具	第二类	各类设备绝缘遮蔽	
25	绝缘毯	第二类	软质绝缘遮蔽用具	
26	绝缘毯夹	第二类	绝缘毯固定用具	
27	导线遮蔽罩	第二类	各类导线绝缘遮蔽用具	
28	电杆遮蔽罩	第二类	各类电杆绝缘遮蔽用具	
29	绝缘操作杆	第二类	跌落式熔断器及隔离开关操作用	
30	绝缘支撑杆	第二类	直线杆塔支撑或吊持导线	
31	绝缘耐张紧线装置	第二类	更换耐张绝缘子串紧放线用	
32	绝缘剥线工具	第二类	各类绝缘线及电缆绝缘层剥除	
33	电动绝缘剪切工具	第二类	切断各类软质、硬质导地线	
34	电动绝缘压接工具	第二类	压接各类软质、硬质导地线	
35	电流检测仪	第二类	检测载流情况	
36	绝缘引流线	第三类	临时跨接各类载流导线或导体	
37	引流线绝缘支撑架	第三类	各类绝缘引流线临时支撑	
38	带电作业用消弧开关	第三类	断、接空载电缆引线时消弧	
39	旁路负荷开关	第三类	用于旁路作业	
40	旁路作业设备	第四类	临时输送电能到工作区域用户的设备	
41	旁路作业车	第四类	旁路作业设备运输及电缆施放	选配
42	发电车	第四类	临时发送电能到工作区域用户的设备	选配
43	移动箱变车	第四类	临时发送电能到工作区域用户的设备	选配
44	旁路电缆敷设及防护工具	第四类	旁路电缆架空敷设或地面敷设用	选配

二、带电作业基础管理知识

1. 不停电作业全能型供电所的职责

不停电作业按照分级管理、分工负责的原则，实行专业化管理。全能型供电所作为县级供电公司的基层单位，应承担不停电作业县公司的部分职责。

（1）贯彻执行上级颁布的有关不停电作业相关管理制度及技术标准，结合实际情况建立健全现场操作规程和标准化作业流程，落实各级岗位职责。

（2）按照地县公司协作、县公司区域合作等方式，集约人员、装备等资源，在县域电网稳步推进配网不停电作业。

（3）辅助编制县域范围不停电作业发展规划、年度计划，并组织实施。

（4）配合职能部门将配网工程纳入不停电作业流程管理，并在配网工程设计时优先考虑便于不停电作业的设备结构及型式。

（5）配合职能部门定期进行不停电作业数据统计，开展情况评估、专业分析及总结工作。

（6）开展各类岗位培训，认真做好新设备、新技术、新产品、新工艺和科技成果的应用工作。

（7）针对不停电作业工作中的问题，积极参与职能部门组织开展的专题研究，参与修编现场作业规程和标准化作业指导书等。

（8）按照相关要求，定期进行绝缘斗臂车、旁路作业设备及工器具的检查、试验、保养、维护。

2. 不停电作业统计规定

全能型供电所应按照上级单位要求，按月进行不停电作业统计、报送，并做好年度总结工作。不停电作业应统计作业次数、作业时间、减少停电时户数、多供电量、工时数、提高供电可靠率、带电作业化率等。

（1）作业次数。按照常用不停电作业项目统计，同一工作日同一杆、同一档架空线路或同一座环网箱、同一条电缆的作业项目按一次统计，不分相次。

（2）不停电作业时间。按照不停电作业时间统计。

（3）减少停电时户数。减少停电时户数计算如下

$$N = T \cdot N_0 \qquad (6-4)$$

式中　　N——减少停电时户数；

　　　　T——减少停电时间，h；

　　　　N_0——10kV 用户数（采用停电作业时最小停电范围内的 10kV 用户数）。

（4）多供电量（kWh）。多供电量计算如下

$$P = \sqrt{3} U I \cos\varphi \cdot T \qquad (6-5)$$

式中　　P——多供电量，kWh；

　　　　U——设备运行电压，10kV；

　　　　I——作业时实际电流值，A；

　　$\cos\varphi$——功率因数，取 0.9；

　　　　T——减少停电时间，h。

（5）工时数。工时数计算如下

$$A = M \cdot T_0 \qquad (6-6)$$

式中　　A——工时数；

　　　　M——作业人数；

　　　　T_0——不停电作业时间，h。

（6）提高供电可靠率。提高供电可靠率计算如下

$$\beta = \frac{N_1}{N \cdot T} \tag{6-7}$$

式中　β——提高供电可靠率；

$\quad N_1$——减少停电时户数；

$\quad N$——总户数；

$\quad T$——统计周期小时数，h。

（7）不停电作业化率。不停电作业化率计算如下

$$\eta = \frac{W}{W_1 + W_2} \tag{6-8}$$

式中　η——不停电作业化率；

$\quad W$——统计周期内不停电作业减少停电时户数；

$\quad W_1$——计划停电时户数；

$\quad W_2$——不停电作业减少停电时户数。

3. 人员资质与培训管理

全能型供电所在录用不停电作业人员时，应审核是否满足相关要求。不停电作业人员应从具备配电专业初级及以上技能水平的人员中择优录用，并持证上岗。绝缘斗臂车等特种车辆操作人员及电缆、配网设备操作人员需经培训、考试合格后，持证上岗。工作票许可人、地面辅助电工等不直接登杆或上斗作业的人员需经省公司级基地进行不停电作业专项理论培训、考试合格后，持证上岗。尚未开展第三、第四类配网不停电作业项目的单位，应在连续从事第一、第二类作业项目满 2 年人员中择优选择作业人员，经国家电网公司级实训基地专项培训并考核合格后，方可开展。

全能型供电所应针对不停电作业特点，定期组织不停电作业人员进行规程、专业知识的培训和考试，考试不合格者不得上岗。经补考仍不合格者，应重新进行规程和专业知识培训。应按有关规定和要求，认真开展岗位培训工作，每月应不少于 8 个学时。不停电作业人员脱离本工作岗位 3 个月以上者，应重新学习《国家电网公司电力安全工作规程（配电部分）》和带电作业有关规定，并经考试合格后，方能恢复工作；脱离本工作岗位 1 年以上者，收回其带电作业资质证书，需返回带电作业岗位者，应重新取证。

工作负责人和工作票签发人按《国家电网公司电力安全工作规程（配电部分）》所规定的条件和程序审批。配网不停电作业人员不宜与输、变电专业带电作业人员、停电检修作业人员混岗。人员队伍应保持相对稳定，人员变动应征求本单位主管部门的意见。

4. 工器具、车辆及资料管理

全能型供电所在开展不停电作业时应配齐相应的工器具、车辆等装备。购置不停电作业工器具应选择具备生产资质的厂家，产品应通过型式试验，并按不停电作业有关技术标准和管理规定进行出厂试验、交接试验，试验合格后方可投入使用。自行研制的不停电作

业工器具，应经具有资质的单位进行相应的电气、机械试验，合格后方可使用。

不停电作业工器具应设专人管理，并做好登记、保管工作。不停电作业工器具应有唯一的永久编号。应建立工器具台账，包括名称、编号、购置日期、有效期限、适用电压等级、试验记录等内容。台账应与试验报告、试验合格证一致。不停电作业工器具应放置于专用工具柜或库房内。工具柜应具有通风、除湿等功能且配备温度表、湿度表。库房应符合 DL/T 974《带电作业用工具库房》的要求。不停电作业绝缘工器具若在湿度超过 80%环境使用，宜使用移动库房或智能工具柜等设备，防止绝缘工器具受潮。不停电作业工器具运输过程中，应装在专用工具袋、工具箱或移动库房内，防止受潮和损坏。发现绝缘工具受潮或表面损伤、脏污时，应及时处理并经检测或试验合格后方可使用。不停电作业工器具应按 DL/T 976《带电作业工具、装置和设备预防性试验规程》、Q/GDW 249《10kV 旁路作业设备技术条件》、Q/GDW 710《10kV 电缆线路不停电作业技术导则》和 Q/GDW 1811《10kV 带电作业用消弧开关技术条件》等标准的要求进行试验，并粘贴试验结果和有效日期标签，做好信息记录。试验不合格时，应查找原因，处理后允许进行第二次试验，试验仍不合格的，则应报废。报废工器具应及时清理出库，不得与合格品存放在一起。

绝缘斗臂车不宜用于停电作业。绝缘斗臂车应存放在干燥通风的专用车库内，长时间停放时应将支腿支出。绝缘斗臂车应定期维护、保养、试验。

全能型供电所在开展不停电作业时应备有以下技术资料和记录：

1）国家、行业及公司系统不停电作业相关标准、导则、规程及制度；

2）不停电作业现场操作规程、规章制度、标准化作业指导书（卡）；

3）工作票签发人、工作负责人名单和不停电作业人员资质证书；

4）不停电作业工作有关记录；

5）不停电作业工器具台账、出厂资料及试验报告；

6）不停电作业车辆台账及定期检查、试验和维修的记录；

7）不停电作业技术培训和考核记录；

8）系统一次接线图、参数等图表；

9）不停电作业事故及重要事项记录；

10）其他资料。

全能型供电所应妥善保管不停电作业技术档案和资料，并按照有关规定和要求，及时上报不停电作业工作中的重大事件和重要工作动态信息。

三、配网不停电作业发展趋势

虽然各类防护装备以及完善的作业规程已经可以保证带电作业人员在进行作业时的人身安全，但带电作业由于其特殊的作业性质，使其仍然存在着一定的风险性。

全能型供电所建设过程中，可引进带电作业机器人，进一步降低作业人员的作业风险，提高作业效率。带电作业机器人是指通过机械臂使用各类工具对带电线路或设备进行不停电检修、测试的机械设备。目前，我国在全自主型机器人研究领域已走在世界前列。2019

年8月，由我国研发的全球首台全自主配网带电作业机器人在天津完成了首次带电作业任务。随后宁波、厦门、扬州等多地均先后装备了全自主型机器人并顺利完成相关带电作业任务。未来，带电作业机器人仍会是带电作业领域重要的研究方向，其发展主要围绕两个方面进行。一是提高机器人的安全性，在作业过程中不仅要保证作业人员的安全性，同时要进一步提高机器人的安全性以及带电线路的安全性，防止机器人在作业时对线路造成损坏，带来更严重的损失。二是提高机器人的适应性，要加强机器人在进行不同作业类型以及不同环境下的适应能力，以应对配网中故障类型多，作业环境复杂的特点。

全能型供电所建设过程中，可重点利用带电作业智能培训系统。目前对于带电作业培训常见的培训方式有理论教学、现场观摩、电脑仿真等方式，虽然可以基本满足培训需求，但仍然存在着安全隐患多，模拟操作效果差、不直观等问题。随着虚拟现实（VR）技术的发展，将VR技术用于带电作业培训以增强模拟操作真实感、提升培训效果成为了带电作业培训领域新的发展方向。通过VR头盔与手柄的配合，可以在完全安全的环境下为学员模拟各种带电作业环境与作业类型，有效地提升学员的操作技能。要使VR技术在带电作业培训中实现广泛应用，应重点解决场景模型的搭建、交互模式的设计、硬件设施的配套以及培训体系的构建等问题。

未来，全能型供电所的带电作业专业发展趋势，将全面提升安全管控水平，装备配置优良化，库房建设智能化，人员培养专业化；全面提升作业能力，实现配网业务全覆盖，作业地形全覆盖；全面提升创新研发能力，实现作业方式灵活多样，工器具高效实用；可靠性评价标准科学合理，人员激励机制完善有效。

第二节 带电作业注意事项

一、气象条件

恶劣天气是带电作业工作中的重要危险点，也是导致事故的重要源头之一。解决这类危险点的主要途径是尽可能规避恶劣天气，保证工作人员的安全。所有带电作业项目应在良好天气下进行，风力大于5级或湿度大于80%时，不宜带电作业。若遇雷电、雪、雹、雨、雾等不良天气，禁止带电作业。带电作业过程中若遇天气突然变化，有可能危及人身及设备安全时，应立即停止工作，撤离人员，恢复设备正常状况，或采取临时安全措施。需要做好对天气的预测，包括对数据的收集、天气预报工作等，进而对未来的天气做出细致的判定，并对配电线路的带电作业制订合理的计划。

与此同时，还要改善配电线路的运行环境，确保配电线路中间接头稳定。在配电线路的运行过程中，必须保证配电线路沟内所有的配电线路都排列整齐，让线路运行过程中的热量可以快速发散，避免由于高温导致电力系统出现危险。对于一些配电线路运行路段存在的配电线路沟道狭窄的问题，可以通过排水和拓宽等措施，让配电线路有更加宽阔和整洁的空间，并且还要做好配电线路在配电线路沟内的排整工作，让配电线路有较好的排热条件。

二、作业环境

带电作业时，要根据道路情况设置安全围栏、警告标志或路障；如在车辆繁忙地段作业，应与交通管理部门联系以取得配合。

所有带电作业开展之前，必须对配电线路展开详细的现场勘查，保证足够熟悉设备，防止通过主观意识对设备维修养护做出错误判断导致危险增加。在配电线路带电作业期间，相关人员需要综合分析现场设备的情况和配电线路的特点，并加强了解作业区域的周边环境、天气条件，以便准确查找带电线路和自然条件中的危险源，为带电作业顺利开展提供基础。供电企业在选择工作人员时，必须选取态度端正、基础能力和专业实力强的人员，管理人员也要深入现场深入勘察，充分审查整体情况，仔细研究与分析配电线路情况，找出其中有可能出现的危险点，从而制定合理、有效的预防控制方案。

三、安全距离及有效绝缘长度

带电作业过程中，绝缘斗臂车绝缘臂的有效绝缘长度应不小于 1.0m，验电器、绝缘杆的有效绝缘长度应不小于 0.7m。人体应保持对地不小于 0.4m、对邻相导线不小于 0.6m 的安全距离。如不能确保该安全距离时，应采用绝缘遮蔽措施，遮蔽用具之间的重叠部分不得小于 150mm。

四、全能型供电所带电作业项目示例

以下结合全能型供电所生产实际，从四类共计 33 个带电作业项目中挑选 4 个典型项目作为四类项目代表，从人员组合、作业方法、工器具配备、作业步骤、安全措施及注意事项等方面进行针对性介绍。

（一）第一类作业项目示例

以绝缘杆作业法带电断引流线（包括熔断器上引线、分支线路引线、耐张杆引流线）为例讲解介绍。本项目需 4 人，分别为工作负责人（兼工作监护人）1 人、杆上电工 2 人、地面电工 1 人。主要工器具配备一览表见表 6-9。

表 6-9 主要工器具配备一览表

序号	工器具名称		规格、型号	数量	备注
1	绝缘防护用具	绝缘手套	10kV	2 双	戴防护手套
2		绝缘安全帽	10kV	2 顶	
3		双重保护绝缘安全带	10kV	2 副	
4	绝缘工具	绝缘传递绳	12mm	1 根	15m
5		绝缘锁杆	10kV	1 副	

续表

序号	工器具名称		规格、型号	数量	备注
6	绝缘工具	绝缘杆套筒扳手	10kV	1 副	
7		线夹安装工具	10kV	1 副	
8		绝缘操作杆	10kV	1 副	设置绝缘遮蔽罩用
9		绝缘杆断线剪	10kV	1 把	
10	其他	绝缘测试仪	2500V 及以上	1 套	
11		电流检测仪	高压	1 套	
12		验电器	10kV	1 套	
13		护目镜	—	2 副	

第一步，工具储运和检测。领用绝缘工具、安全用具及辅助器具，应核对工器具的使用电压等级和试验周期，并检查外观完好无损。工器具在运输过程中应存放在专用工具袋、工具箱或工具车内，以防受潮和损伤。

第二步，现场操作前的准备。

1）工作负责人核对线路名称、杆号。

2）工作负责人检查断跌落式熔断器上引线：熔断器确已断开，熔管已取下。

3）工作负责人检查断分支杆引线、耐张杆引流线：待断引流线确已空载，负荷侧变压器、电压互感器确已退出。

4）工作负责人按配电带电作业工作票内容与值班调控人员联系，履行工作许可手续。

5）根据道路情况设置安全围栏、警告标志或路障。

6）工作负责人召集工作人员交待工作任务，对工作班成员进行危险点告知，交待安全措施和技术措施，确认每一个工作班成员都已知晓，检查工作班成员精神状态是否良好，人员是否合适。

7）整理材料，检查安全用具、绝缘工具，应使用绝缘测试仪分段检测绝缘工具的绝缘电阻，绝缘电阻值不低于 700MΩ。

8）杆上电工检查电杆根部、基础和拉线是否牢固。

第三步，按步骤执行操作。

首先，断熔断器上引线。

1）杆上电工穿戴好绝缘防护用具，携带绝缘传递绳，登杆至适当位置。

2）杆上电工使用验电器对绝缘子、横担进行验电，确认无漏电现象。

3）杆上电工在地面电工的配合下，用绝缘操作杆按照"从近到远、从下到上、先带电体后接地体"的遮蔽原则对不能满足安全距离的带电体和接地体进行绝缘遮蔽。

4）杆上电工使用绝缘锁杆夹紧待断的上引线，并用线夹安装工具固定线夹。

5）杆上电工使用绝缘套筒扳手拧松线夹。

6）杆上电工使用线夹安装工具使线夹脱离主导线。

7）杆上电工使用绝缘锁杆将上引线缓缓放下，用绝缘断线剪在熔断器上接线柱处剪断上引线。

8）其余两相引线拆除按相同的方法进行，三相引线拆除的顺序按先两边相，再中间相的顺序进行。如上引线与主导线由于安装方式和锈蚀等原因不易拆除，可直接在主导线搭接位置处剪断。

9）杆上电工按照"从远到近、从上到下、先接地体后带电体"的原则拆除绝缘遮蔽。检查杆上无遗留物，作业人员返回地面。

然后，断分支线路引线。

1）杆上电工穿戴好绝缘防护用具，携带绝缘传递绳，登杆至适当位置。

2）杆上电工使用验电器对绝缘子、横担进行验电，确认无漏电现象。用高压电流检测仪检测分支线路电流，确认空载。

3）杆上电工用绝缘操作杆按照"从近到远、从下到上、先带电体后接地体"的遮蔽原则对不能满足安全距离的带电体和接地体进行绝缘遮蔽。

4）杆上电工使用绝缘锁杆将待断线路引线固定。

5）杆上电工使用绝缘杆断线剪在分支线路引线与主导线的连接处将引线剪断。

6）杆上电工使用绝缘锁杆将分支线路引线平稳地移离主导线。

7）杆上电工使用绝缘杆断线剪在分支线路耐张线夹处将引线剪断并取下。

8）其余两相引线拆除按相同的方法进行，三相引线拆除的顺序按先两边相、再中间相的顺序进行。

9）杆上电工按照"从远到近、从上到下、先接地体后带电体"的原则拆除绝缘遮蔽。检查杆上无遗留物，作业人员返回地面。

最后，断耐张杆引流线。

1）杆上电工穿戴好绝缘防护用具，携带绝缘传递绳，登杆至适当位置。

2）杆上电工使用验电器对绝缘子、横担进行验电，确认无漏电现象。用高压电流检测仪检测分支线路电流确认空载。

3）杆上电工在地面电工配合下按照"从近到远、从下到上、先带电体后接地体"的遮蔽原则，对作业范围内不能满足安全距离的带电体和接地体进行绝缘遮蔽。

4）杆上电工使用绝缘锁杆将待断的耐张杆引流线固定。

5）杆上电工使用绝缘杆断线剪将耐张杆引流线在电源侧耐张线夹处剪断。

6）杆上电工使用绝缘锁杆将耐张杆引流线向下平稳地移离带电导线。

7）杆上电工使用绝缘杆断线剪将耐张杆引流线在负荷侧耐张线夹处剪断并取下。

8）其余两相引流线拆除按相同的方法进行，三相耐张杆引流线拆除的顺序可按先两边相、再中间相的顺序进行。

9）杆上电工按照"从远到近、从上到下、先接地体后带电体"的原则拆除绝缘遮蔽。检查杆上无遗留物，作业人员返回地面。

第四步，工作终结。

1）工作负责人组织工作人员清点工器具，并清理施工现场。

2）工作负责人对完成的工作进行全面检查，符合验收规范要求后，记录在册并召开现场收工会进行工作点评后，宣布工作结束。

3）汇报值班调控人员工作已经结束，工作班撤离现场。

本项目的关键点在于：① 工作人员使用绝缘工具在接触带电导线前应得到工作监护人的许可；② 断分支线路引线、耐张杆引流线，空载电流应不大于 5A；③ 在作业时，要注意带电导线与横担及邻相导线的安全距离；④ 断引线应按先易后难的原则；⑤ 在所断线路三相引线未全部拆除前，已拆除的引线应视为有电。

本项目还需要注意的安全事项有：① 杆上电工登杆作业应正确使用安全带；② 杆上电工操作时动作要平稳，移动剪断后的上引线时应与带电导体保持 0.4m 以上安全距离；③ 作业线路下层有低压线路同杆并架时，如妨碍作业，应对作业范围内的相关低压线路采用绝缘遮蔽措施；④ 在使用绝缘断线剪剪断引线时，应有防止断开的引线摆动碰及带电设备的措施；⑤ 在同杆架设线路上工作，与上层线路小于安全距离规定且无法采取安全措施时，不得进行该项工作；⑥ 上、下传递工具、材料均应使用绝缘绳传递，严禁抛掷。

（二）第二类作业项目示例

以绝缘手套作业法带电接引流线（包括熔断器上引线、分支线路引线、耐张杆引流线）为例介绍。本项目需 4 人，具体分工为工作负责人（兼工作监护人）1 人、斗内电工 2 人、地面电工 1 人。主要工器具配备一览表见表 6-10。

表 6-10　　　　　　　　　　　　主要工器具配备一览表

序号	工器具名称		规格、型号	数量	备注
1	特种车辆	绝缘斗臂车	10kV	1 辆	
2	绝缘防护用具	绝缘手套	10kV	2 双	戴防护手套
3		绝缘安全帽	10kV	2 顶	
4		绝缘服	10kV	2 套	
5		绝缘安全带	10kV	2 副	
6	绝缘遮蔽用具	导线遮蔽罩	10kV	若干	
7		绝缘毯	10kV	若干	
8		横担遮蔽罩	10kV	2 个	
9		熔断器遮蔽罩	10kV	3 个	
10	绝缘工具	绝缘传递绳	12mm	1 根	15m
11		绝缘测量杆	10kV	1 副	
12		绝缘杆式导线清扫刷	10kV	1 副	
13		绝缘锁杆	10kV	1 副	可同时锁定 2 根导线
14	其他	绝缘测试仪	2500V 及以上	1 套	
15		验电器	10kV	1 套	
16		护目镜	—	2 副	

第一步，工具储运和检测。

1）领用绝缘工具、安全用具及辅助器具，应核对工器具的使用电压等级和试验周期，并检查外观完好无损。

2）工器具在运输过程中，应存放在专用工具袋、工具箱或工具车内，以防受潮和损伤。

第二步，现场操作前的准备。

1）工作负责人核对线路名称、杆号。

2）工作负责人确认待接引流线下方无负荷，负荷侧变压器、电压互感器确已退出、熔断器确已断开，熔管已取下，待断引流线确已空载。

3）检查作业装置和现场环境符合带电作业条件。

4）工作负责人按配电带电作业工作票内容与值班调控人员联系，履行工作许可手续。

5）绝缘斗臂车进入合适位置，并可靠接地。

6）根据道路情况设置安全围栏、警告标志或路障。

7）工作负责人召集工作人员交待工作任务，对工作班成员进行危险点告知，交待安全措施和技术措施，确认每一个工作班成员都已知晓，检查工作班成员精神状态是否良好，人员是否合适。

8）整理材料，对安全用具、绝缘工具进行检查，对绝缘工具应使用绝缘测试仪进行分段绝缘检测，绝缘电阻值不低于 $700M\Omega$。

9）查看绝缘臂、绝缘斗良好，调试斗臂车。

第三步，按步骤操作。

首先，接熔断器上引线。

1）斗内电工穿戴好绝缘防护用具，进入绝缘斗，挂好安全带保险钩。

2）斗内电工将工作斗调整至带电导线横担下侧适当位置，使用验电器对绝缘子、横担进行验电，确认无漏电现象。

3）斗内电工将绝缘斗调整至近边相导线外侧适当位置，按照"从近到远、从下到上、先带电体后接地体"的遮蔽原则，对作业范围内的所有带电体和接地体进行绝缘遮蔽。其余两相绝缘遮蔽按相同方法进行。

4）斗内电工将绝缘斗调整至熔断器横担下方，并与有电线路保持 0.4m 以上安全距离，用绝缘测量杆测量三相引线长度，根据长度做好连接的准备工作。

5）斗内电工将绝缘斗调整到中间相导线下侧适当位置，使用清扫刷清除连接处导线上的氧化层。

6）斗内电工将熔断器上引线与主导线进行可靠连接，恢复接续线夹处的绝缘及密封，并迅速恢复绝缘遮蔽。

7）其余两相引线连接按相同方法进行。三相熔断器引线连接，可按由复杂到简单、先难后易的原则进行，先中间相、后远边相，最后近边相，也可视现场实际情况从远到近依次进行。

8）工作结束后，按照"从远到近、从上到下、先接地体后带电体"的原则拆除绝缘遮蔽，绝缘斗退出有电工作区域，作业人员返回地面。

然后，接分支线路引线。

1）斗内电工穿戴好绝缘防护用具，进入绝缘斗，挂好安全带保险钩。

2）斗内电工将工作斗调整至带电导线横担下侧适当位置，使用验电器对绝缘子、横担进行验电，确认无漏电现象。

3）斗内电工将绝缘斗调整至近边相导线外侧适当位置，按照"从近到远、从下到上、先带电体后接地体"的遮蔽原则对作业范围内的所有带电体和接地体进行绝缘遮蔽。其余两相绝缘遮蔽按相同方法进行。

4）斗内电工将绝缘斗调整至分支线路横担下方，测量三相待接引线长度，根据长度做好连接的准备工作。如待接引线为绝缘线，应在引线端头部分剥除三相待接引流线的绝缘外皮。

5）斗内电工将绝缘斗调整到中间相导线下侧适当位置，以最小范围打开中相绝缘遮蔽，用导线清扫刷清除连接处导线上的氧化层。如导线为绝缘线，应先剥除绝缘外皮再进行清除连接处导线上的氧化层。

6）斗内电工安装接续线夹，连接牢固后，恢复接续线夹处的绝缘及密封，并迅速恢复绝缘遮蔽。

7）其余两相引线连接按相同方法进行。三相引线连接可按由复杂到简单、先难后易的原则进行，先中间相、后远边相，最后近边相，也可视现场实际情况从远到近依次进行。

8）工作结束后，按照"从远到近、从上到下、先接地体后带电体"的原则拆除绝缘遮蔽，绝缘斗退出有电工作区域，作业人员返回地面。

最后，接耐张杆引线。

1）斗内电工穿戴好绝缘防护用具，进入绝缘斗，挂好安全带保险钩。

2）斗内电工将工作斗调整至带电导线横担下侧适当位置，使用验电器对绝缘子、横担进行验电，确认无漏电现象。

3）斗内电工将绝缘斗调整至近边相导线外侧适当位置，按照"从近到远、从下到上、先带电体后接地体"的遮蔽原则，对作业范围内的所有带电体和接地体进行绝缘遮蔽。其余两相绝缘遮蔽按相同方法进行。

4）斗内电工将绝缘斗调整至耐张横担下方，测量三相待接引线长度，根据长度做好连接的准备工作。如待接引流线为绝缘线，应在引流线端头部分剥除三相带接引流线的绝缘外皮。

5）斗内电工将绝缘斗调整到中间相导线下侧适当位置，以最小范围打开中相绝缘遮蔽，用导线清扫刷清除连接处导线上的氧化层。如导线为绝缘线，应先剥除绝缘外皮再进行清除连接处导线上的氧化层。

6）斗内电工安装接续线夹，连接牢固后，如为绝缘线应恢复接续线夹处的绝缘及密封，并迅速恢复绝缘遮蔽。

7）其余两相引线连接按相同方法进行。三相引线连接，可按由复杂到简单、先难后易的原则进行，先中间相、后远边相，最后近边相，也可视现场实际情况从远到近依次进行。

8）工作结束后，按照"从远到近、从上到下、先接地体后带电体"的原则拆除绝缘遮蔽，绝缘斗退出有电工作区域，作业人员返回地面。

第四步，工作终结。

1）工作负责人组织工作人员清点工器具，并清理施工现场。

2）工作负责人对完成的工作进行全面检查，符合验收规范要求后，记录在册并召开现场收工会进行工作点评，宣布工作结束。

3）汇报值班调控人员工作已经结束，工作班撤离现场。

本项目关键点在于：① 工作人员在接触带电导线和换相工作前应得到工作监护人的许可；② 在作业时，要注意引线与横担及邻相导线的安全距离；③ 作业时，严禁人体同时接触两个不同的电位体；④ 绝缘斗内双人工作时禁止两人接触不同的电位体；⑤ 待接引流线如为绝缘线，剥皮长度应比接续线夹长 2cm，且端头应有防止松散的措施。

本项目还需要注意的安全事项有：① 作业前应进行现场勘；② 斗臂车绝缘斗在有电工作区域转移时，应缓慢移动，动作要平稳；③ 绝缘斗臂车作业时，发动机不能熄火（电能驱动型除外），以保证液压系统处于工作状态；④ 作业线路下层有低压线路同杆并架时，如妨碍作业，应对作业范围内的相关低压线路采取绝缘遮蔽措施；⑤ 在同杆架设线路上工作，与上层线路小于安全距离规定且无法采取安全措施时，不得进行该项工作；⑥ 上、下传递工具、材料均应使用绝缘传递绳，严禁抛掷；作业过程中禁止摘下绝缘防护用具。

（三）第三类作业项目示例

以绝缘手套作业法、绝缘杆作业法（以高空作业车为移动平台）带电接空载电缆线路与架空线路连接引线为例介绍。本项目需要 4 人，具体分工为工作负责人（兼工作监护人）1 人、斗内电工 2 人、地面电工 1 人。主要工器具配备一览表见表 6-11。

表 6-11　　　　　　　　　　主要工器具配备一览表

序号	工器具名称		规格、型号	数量	备注
1	特种车辆	绝缘斗臂车	10kV	1 辆	
2	绝缘防护用具	绝缘手套	10kV	2 双	戴防护手套
3		绝缘安全帽	10kV	2 顶	
4		绝缘服	10kV	2 套	
5		绝缘安全带	10kV	2 副	登杆应选用双重保护绝缘安全带
6	绝缘遮蔽用具	导线遮蔽罩	10kV	4 根	
7		导线端头遮蔽罩	10kV	3 个	
8		绝缘挡板	10kV	1 块	

续表

序号	工器具名称		规格、型号	数量	备注
9	绝缘工具	绝缘锁杆	10kV	1 副	可同时锁定 2 根导线
10		绝缘操作杆	10kV	1 副	操作消弧开关用
11		绝缘传递绳	12mm	1 根	15m
12		消弧开关	—	1 套	带绝缘引流线
13		绝缘杆用消弧开关	—	1 套	
14		放电杆	—	1 根	
15	其他	电流检测仪	高压	1 套	
16		绝缘测试仪	2500V 及以上	1 套	
17		验电器	10kV	1 套	
18		护目镜	—	2 副	

第一步，工具储运和检测。

1）领用绝缘工具、安全用具及辅助器具，应核对工器具的使用电压等级和试验周期，并检查外观完好无损。

2）工器具运输过程中，各种工器具应存放在专用工具、工具箱或工具车内，以防受潮和损伤。

第二步，现场操作前的准备。

1）工作负责人核对线路名称、杆号。

2）工作负责人应与运行部门共同确认电缆线路已空载、无接地，出线电缆符合送电要求，检查作业装置和现场环境符合带电作业条件。

3）工作负责人按配电带电作业工作票内容与值班调控人员联系，申请停用线路重合闸。

4）绝缘斗臂车进入合适位置，并可靠接地。

5）根据道路情况设置安全围栏、警告标志或路障。

6）工作负责人召集工作人员交待工作任务，对工作班成员进行危险点告知，交待安全措施和技术措施，确认每一个工作班成员都已知晓，检查工作班成员精神状态是否良好，人员是否合适。

7）整理材料，对安全用具、绝缘工具进行检查，对绝缘工具应使用绝缘测试仪进行分段绝缘检测，绝缘电阻值不低于 700MΩ。

8）检查绝缘臂、绝缘斗良好，调试斗臂车。

第三步，按步骤操作。

首先，采用绝缘手套作业法。

1）斗内电工穿戴好绝缘防护用具，进入绝缘斗，挂好安全带保险钩。

2）斗内电工将绝缘斗调整至线路下方与电缆过渡支架平行处，并与带电线路保持0.4m 以上安全距离，检查电缆登杆装置应符合验收规范要求。

3）斗内电工用绝缘电阻检测仪检测电缆对地绝缘，确认无接地情况，检测完成后应充分放电。若发现电缆有电或对地绝缘不良，禁止继续作业。

4）斗内电工将工作斗调整至带电导线横担下侧适当位置，使用验电器对绝缘子、横担进行验电，确认无漏电现象。

5）斗内电工调整绝缘斗位置，按照"从近到远、从下到上、先带电体后接地体"的遮蔽原则，对作业范围内的所有带电体和接地体进行绝缘遮蔽。三相的绝缘遮蔽隔离措施可按先两边相、再中间相或由近到远顺序进行设置。

6）斗内电工用绝缘测量杆测量三相引线长度，然后将地面电工制作的引线安装到过渡支架上。并对三相引线与电缆过渡支架设置绝缘遮蔽措施。

7）斗内电工确认消弧开关处于断开位置后，将消弧开关挂在中间相导线上，然后用绝缘引流线连接消弧开关下端导电杆和同相电缆终端（过渡支架接线端子处）。

8）斗内电工用绝缘操作杆合上消弧开关。

9）斗内电工用锁杆将引线接头临时固定在同相架空导线上，调整工作位置后将电缆引线连接到架空导线。

10）斗内电工用绝缘操作杆断开消弧开关。

11）斗内电工依次从电缆过渡支架和消弧开关导线杆处拆除绝缘引流线线夹，然后从架空导线上取下消弧开关。

12）其余两相引线搭接按相同的方法进行。三相引线搭接，可按先远后近或根据现场情况先中间、后两侧的顺序进行。

13）工作结束后，按照"从远到近、从上到下、先接地体后带电体"的原则拆除绝缘遮蔽，绝缘斗退出带电工作区域，斗内电工返回地面。

然后，采用绝缘杆作业法（以高空作业车为移动平台）。

1）斗内电工穿戴好绝缘防护用具，进入绝缘斗，挂好安全带保险钩。

2）斗内电工在保证安全距离的基础上，检查电缆登杆装置应符合验收规范要求。

3）斗内电工用绝缘电阻检测仪检测电缆对地绝缘，确认无接地情况，检测完成后应充分放电。若发现电缆有电或对地绝缘不良，禁止继续作业。

4）斗内电工将工作斗调整至带电导线横担下侧适当位置，使用验电器对绝缘子、横担进行验电，确认无漏电现象。

5）斗内电工使用绝缘操作杆，按照"从近到远、从下到上、先带电体后接地体"的遮蔽原则，对不能满足安全距离的带电体和接地体进行绝缘遮蔽。

6）斗内电工用绝缘测量杆测量三相引线长度，然后将地面电工制作的引线安装到过渡支架上。

7）斗内电工在选定的位置，使用绝缘杆式导线剥皮器剥除主导线和电缆连接引线上的绝缘皮。斗内电工确认消弧开关在断开位置，且锁好锁销后，将绝缘杆式消弧开关一端挂接到近边相架空导线上，然后将绝缘杆式消弧开关的另一端连接到同相电缆连接引线上。

8）斗内电工用绝缘操作杆合上消弧开关，确认分流正常，绝缘引流线每一相分流的负荷电流应不小于原线路负荷电流的 1/3。

9）斗内电工用绝缘锁杆将电缆引线接头临时固定在架空导线后，在架空导线处搭接电缆引线。

10）搭接完成后，斗内电工用绝缘操作杆断开消弧开关。

11）斗内电工将绝缘杆式消弧开关一端从电缆连接引线处取下，挂在消弧开关上，将消弧开关从近边相导线上取下。如导线为绝缘线应恢复导线的绝缘及密封，恢复绝缘遮蔽。

12）其余两相引线连接按相同的方法进行。

13）按照"从远到近、从上到下、先接地体后带电体"的原则拆除绝缘遮蔽。工作斗退出有电工作区域，作业人员返回地面。

第四步，工作终结。

1）工作负责人组织工作人员清点工器具，并清理施工现场。

2）工作负责人对完成的工作进行全面检查，符合验收规范要求后，记录在册并召开现场收工会进行工作点评，宣布工作结束。

3）汇报值班调控人员工作已经结束，恢复线路重合闸，工作班撤离现场。

本项目的关键点在于：① 工作前，应与运行部门共同确认电缆负荷侧开关（断路器或隔离开关等）处于断开位置；② 空载电缆长度应不大于 3km；③ 斗内电工对电缆引线验电后，应使用绝缘电阻检测仪检查电缆是否空载且无接地；④ 斗内电工在接触带电导线、进行换相工作转移前应得到监护人的许可；⑤ 使用消弧开关前应确认消弧开关在断开位置并闭锁，防止其突然合闸；⑥ 合消弧开关前应再次确认接线正确无误，防止相位错误引发短路；⑦ 消弧开关的状态，应通过其操动机构位置（或灭弧室动静触头相对位置）以及用电流检测仪测量电流的方式综合判断；⑧ 拆除消弧开关和电缆终端间绝缘引流线，应先拆有电端、再拆无电端；⑨ 作业时，严禁人体同时接触两个不同的电位体；⑩ 绝缘斗内双人工作时禁止两人接触不同的电位体；⑪ 未接通相的电缆引线应视为带电。

本项目还需要注意的安全事项有：① 作业前应进行现场勘察；② 当斗臂车绝缘斗在有电区域转移时，应缓慢移动，动作要平稳，严禁使用快速挡；③ 绝缘斗臂车在作业时，发动机不能熄火（电能驱动型除外），以保证液压系统处于工作状态；④ 作业线路下层有低压线路同杆并架时，如妨碍作业，应对作业范围内的相关低压线路采取绝缘遮蔽措施；⑤ 在同杆架设线路上工作，与上层线路小于安全距离规定且无法采取安全措施时，不得进行该项工作；⑥ 上、下传递工具、材料均应使用绝缘传递绳绑扎，严禁抛掷；⑦ 作业过程中禁止摘下绝缘防护用具。

（四）第四类作业项目示例

以综合不停电作业法开展旁路作业检修电缆线路为例介绍。本项目需 20 人，具体分工为带电工作负责人（兼工作监护人）1 人、电缆工作负责人（兼工作监护人）1 人、环网箱操作人员 2 人、电缆检修人员 16 人。主要工器具配备一览表见表 6-12，作业项目示意图如图 6-8 所示。

表 6 - 12 主要工器具配备一览表

序号	工器具名称		规格、型号	数量	备注
1	特种车辆	旁路作业车		1 辆	存放、运输、施放旁路柔性电缆用
2	绝缘防护用具	绝缘手套	10kV	1 副	
3	旁路作业装备	高压旁路电缆	10kV	若干	具体数量可根据旁路柔性电缆施放长度确定。与环网箱连接的旁路柔性电缆应选择合适的连接器，带接头保护盒
4		中间连接器	—	若干组	
5		电缆绝缘护线管及护线管接口绝缘护罩	—	若干	根据现场实际需要
6		电缆对接头保护箱	—	若干	
7		电缆分接头保护箱	—	若干	
8		电缆进出线保护箱	—	2 个	
9		电缆架空跨越支架	—	2 副	用于旁路柔性电缆跨越道路，高度不小于 5m
10		旁路负荷开关		1 台	
11	其他	电流检测仪	—	1 套	
12		绝缘电阻检测仪	2500V 及以上	1 套	
13		验电器	10kV	1 套	
14		绝缘放电杆	—	1 套	
15		对讲机		3 套	

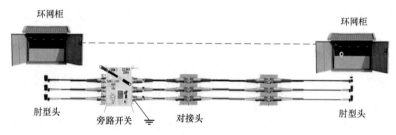

图 6 - 8 作业项目示意图

第一步，工器具储运和检测。

1）领用绝缘工器具、安全用具及辅助器具，应核对工器具的使用电压等级和试验周期，并检查外观完好无损。

2）工器具运输过程中，应装在专用工具袋、工具箱或专用工具车内，以防受潮和损伤。

第二步，现场操作前的准备。

1）电缆工作负责人应核对设备名称及编号。

2）电缆工作负责人检查现场设备、环境的实际状态，并确认待检修电缆线路的负荷电流小于旁路系统额定电流 200A。

3）电缆工作负责人按照工作票内容联系值班调控人员，履行工作许可手续。

4）电缆工作负责人召集工作人员交待工作任务，对工作班成员进行危险点告知、交待安全措施和技术措施，确认每一个工作班成员都已知晓，检查工作班成员精神状态是否良好，人员是否合适。

5）工作人员进入作业现场，施工车进入现场，停在合适位置，做好各项准备工作。

6）根据道路情况设置安全围栏、警告标志或路障。

7）对安全用具、绝缘工具进行检查，对绝缘工具应使用绝缘测试仪进行分段绝缘检测，绝缘电阻值不低于 700MΩ。

第三步，按步骤操作。

1）布置旁路设备防护装置。

2）敷设旁路设备柔性电力，旁路电缆地面敷设中如需跨越道路时，应使用电力架空跨越支架将旁路电缆架空敷设并可靠固定。

3）使用电缆中间连接器按相位色连接旁路柔性电缆，盖好旁路设备地面防护装置保护盖。

4）使用电缆中间连接器按相色连接旁路柔性电缆，盖好旁路设备地面防护装置保护盖。

5）使用绝缘测试仪对组建好的旁路回路进行绝缘性能检测，绝缘电阻应不小于 500MΩ。

6）绝缘性能检测完毕后使用绝缘放电杆对旁路设备进行充分的放电。

第一种方法为不停电检修电缆线路（两端环网箱需具备备用间隔开关），其操作步骤为：

（a）电缆检修人员依次将旁路回路两端的旁路柔性电缆终端接入两侧环网箱备用间隔开关的出线侧。

（b）环网箱操作人员进行倒闸操作，将旁路回路与原电缆线路并列运行：

a）确认旁路负荷开关在断开位置，合上电源侧环网箱备用间隔开关；

b）合上负荷侧环网箱备用间隔开关；

c）在旁路负荷开关处进行核相；

d）相位正确后，合上旁路负荷开关。

（c）电缆工作负责人检查旁路回路的分流状况。

（d）环网箱操作人员进行倒闸操作，将待检修电缆线路运行改检修：

a）待检修电缆线路运行改检修操作前应进行验电；

b）拉开电源侧待检修电缆间隔开关；

c）拉开负荷侧待检修电缆间隔开关。

（e）电缆检修人员检修电缆。

（f）环网箱操作人员进行倒闸操作，将检修完毕的电缆线路由检修改运行。合负荷侧环网箱进线间隔开关前，应对检修的电缆线路进行核相。

（g）环网箱操作人员进行倒闸操作，旁路回路由运行改检修：

a）拉开负荷侧环网箱备用间隔开关；

b）拉开旁路负荷开关；

c）拉开电源侧环网箱备用间隔。

（h）依次从两侧环网箱的备用间隔开关出线端拆除旁路柔性电缆终端。

第二种方法为短时停电检修电缆线路（两端环网箱不具备备用间隔开关），其操作步骤为：

（a）环网箱操作人员进行倒闸操作，将待检修电缆线路由运行改检修。

（b）电缆检修人员从两侧环网箱相应的开关间隔出线侧，拆除待检修电缆线路的终端，使用绝缘放电杆充分放电。

（c）电缆检修人员将旁路回路两端的旁路柔性电缆终端接入到两侧环网箱相应间隔的开关出线端。

（d）环网箱操作人员进行倒闸操作，将旁路回路由检修改运行。合负荷侧环网箱间隔开关前，应进行核相，相位不正确应调整电源侧旁路电缆终端。

（e）电缆检修人员检修电缆。

（f）环网箱操作人员进行倒闸操作，将旁路回路由运行改检修。

（g）电缆检修人员从两侧环网箱相应开关间隔拆除旁路柔性电缆终端，使用绝缘放电杆充分放电。

（h）电缆检修人员将检修完毕的电缆终端接入环网箱相应开关间隔。

（i）环网箱操作人员倒闸操作，电缆线路由检修改运行。合负荷侧环网箱进线间隔开关前，应对检修的电缆线路进行核相。

带电作业人员回收旁路柔性电缆、旁路负荷开关和中间连接器等。

第四步，工作终结。

1）电缆工作负责人组织工作人员清点工器具，并清理施工现场。

2）电缆工作负责人对完成的工作进行全面检查，符合验收规范要求后，记录在册并召开现场收工会进行工作点评，宣布工作结束。

3）电缆工作负责人汇报值班调控人员工作已经结束，工作班撤离现场。

本项目的关键点在于：① 组建旁路回路应按要求连接旁路柔性电缆与连接器，快速插拔接口、接头的绝缘部分应进行清洁和涂抹绝缘硅脂；② 旁路电缆地面敷设跨越道路时，应采用架空敷设的方式。

本项目还需要注意的安全事项有：① 敷设旁路电缆时，须由多名作业人员配合使旁路电缆离开地面整体敷设，防止旁路电缆与地面摩擦，且不得受力；② 打开环网箱柜门前应检查环网箱箱体接地装置的完整性，在接入旁路柔性电缆终端前，应对环网箱开关间隔出线侧进行验电；③ 绝缘电阻检测完毕、拆除旁路设备前、拆除电缆终端后，均应进行充分放电，用绝缘放电杆放电时，绝缘放电杆的接地应良好；④ 连接旁路作业设备前，应对各接口进行清洁和润滑，用不起毛的清洁纸或清洁布、无水酒精或其他电缆清洁剂清洁；⑤ 确认绝缘表面无污物、灰尘、水分、损伤；⑥ 在插拔界面均匀涂润滑硅脂；⑦ 旁路柔性电缆采用地面敷设时，应对地面的旁路作业设备采取可靠的绝缘防护措施后方可投入运行，确保绝缘防护有效；⑧ 旁路电缆运行期间，应派专人看守、巡视，防止外人碰触；⑨ 不得强行解锁环网箱五防装置；⑩ 待检修电缆线路负荷电流不应超过200A；⑪ 旁路回路投入运行后，应每隔半小时检测一次回路的负载电流监视其运行情况；⑫ 操作环网箱开关、检测旁路回路整体绝缘电阻、放电时应戴绝缘手套；⑬ 倒闸操作应使用操作票；⑭ 电缆检修完毕投入运行前，应由施工方出具竣工报告并试验合格，履行相关手续。

参 考 文 献

［1］ 国家电网公司人力资源部.农网配电. 北京：中国电力出版社，2010.

［2］ 国家电网公司. 配电线路及设备运检. 北京：中国电力出版社，2020.

［3］ 国家能源局电力业务资源管理中心. 电工进网作业许可考试参考教材. 杭州：浙江人民出版社，2012.

［4］ 国家电网有限公司市场营销部（农电工作部）. 乡村电气化实现. 北京：中国电力出版社，2020.

［5］ 国家电网公司人力资源部. 农网营销. 北京：中国电力出版社，2010.

［6］ 国家电网公司. 国家电网公司电力安全工作规程. 北京：中国电力出版社，2014.